山西省高水平专业群建设系列教材

农林产品网络营销实务

侯银莉 主编

中国林业出版社
China Forestry Publishing House

内容简介

本教材围绕职业教育培养目标，以强化实操技能、提升职业能力为指导思想进行编写，在内容编排上实行任务驱动、项目导向。教材内容以农林产品网络营销任务为载体，主要包括：认识农林产品网络营销、农林产品网络市场调研、农林产品网店开设、农林产品网络广告、农林产品网络营销策略、农林产品网店客户服务、农林产品网络营销管理与评估等。

本教材具有实用性、创新性、先进性的特点，可作为高职高专院校电子商务、市场营销等相关专业的教材和参考书。

图书在版编目(CIP)数据

农林产品网络营销实务／侯银莉主编. —北京：
中国林业出版社，2022.12
山西省高水平专业群建设系列教材
ISBN 978-7-5219-2138-0

Ⅰ.①农… Ⅱ.①侯… Ⅲ.①农产品-网络营销-高等职业教育-教材②林产品-网络营销-高等职业教育-教材 Ⅳ.①F724.72

中国国家版本馆 CIP 数据核字(2023)第 028645 号

策划编辑：田　苗
责任编辑：田　苗
责任校对：苏　梅
封面设计：五色空间

出版发行：中国林业出版社
　　　　　（100009，北京市西城区刘海胡同7号，电话 83223120）
电子邮箱：cfphzbs@163.com
网址：www.forestry.gov.cn/lycb.html
印刷：北京中科印刷有限公司
版次：2022年12月第1版
印次：2022年12月第1次
开本：787mm×1092mm　1/16
印张：10.875
字数：255千字
定价：49.00元

数字资源

《农林产品网络营销实务》
编写人员

主　　编：侯银莉

副 主 编：孙婧一

编写人员：（按姓氏拼音排序）
　　　　　白海鹰（山西林业职业技术学院）
　　　　　侯银莉（山西林业职业技术学院）
　　　　　齐雅琴（山西林业职业技术学院）
　　　　　孙婧一（山西林业职业技术学院）
　　　　　卫振中（山西林业职业技术学院）

前 言

大数据及新兴文化消费终端的出现，使得网络媒体逐渐渗透入人们的生活和工作，人们的消费习惯不断发生着变化，企业营销活动也开始向网络空间发展。在网民消费观念转变、网络营销受到重视等因素的影响下，不少商家纷纷打破单一经营模式，在传统渠道之外开拓网络渠道，以寻求新的销售增长点。目前市场中的网络营销研究都是以通用性产品作为研究对象，缺乏与农林行业密切相关的深入研究，而本教材正是服务于农林产品市场营销这一空白部分。

农林产品网络营销是一门新兴的交叉性学科，充分体现了农林特色，也是高等职业院校市场营销专业的专业课程。本教材在服务课程教学的同时，深入贯彻党的二十大精神，助力全面推进乡村振兴，服务于"乡村特色产业，拓宽农民增收致富渠道"，主要介绍农林产品传统销售渠道之外的网络营销推广手段，满足农林产品企业用人需求。为了更好地体现农林特色以及市场营销专业人才培养方案，邀请了具有丰富教学经验和行业背景的一线教师参与教材编写，同时邀请企业人员进行审读。

本教材符合职业教育的培养目标，侧重于学生对农林产品网络营销运营技能的提升，特点如下：

1. 以创业创新为导向，培养学生综合能力

本教材通过对产品进行进一步细分，将市场具体指向农林产品领域，以开设农林产品网络店铺为切入点，培养学生店铺运营能力，有效提升其创业创新能力。

2. 架构清晰，内容与时俱进

互联网时代，知识更新速度日益加快。本教材在吸收网络营销基础与实践的精华内容的同时，适时添加了新媒体运营、新零售时代网络营销手段、微博运营等相关知识，通过任务导向、情景设置等多种方法，寓教于乐，因材施教。

3. 构建理论与实践一体的教学模式

本教材共设置 7 个项目，每个项目均以案例导入为切入点，根据对应岗位职责明确任务目标、设置工作任务，理论以够用为度，能够密切指导实践，同时设置知识链接以拓宽学生视野，通过案例分享指导学生理论应用，符合高职学生学习特点。

本教材由侯银莉主编，具体分工如下：侯银莉负责项目 1 和项目 3 的编写；白海鹰负责项目 2 的编写；孙婧一负责项目 4 和项目 6 的编写；卫振中负责项目 5 的编写；齐雅琴负责项目 7 的编写。天津滨海迅腾科技集团有限公司冯怡高级副总裁对本教材进行了审阅，并提出了宝贵意见。全书由侯银莉统稿。

本教材在编写过程中参考了一些专家、学者的研究成果，在此一并表示感谢。

由于编者水平有限，书中难免存在疏漏和不足之处，恳请专家和广大读者批评指正。

编者

2022 年 11 月

目录

前言

项目 1　认识农林产品网络营销 ……………………………………………… 001
任务 1-1　认识网络营销 ……………………………………………… 002
任务 1-2　认识农林产品网络营销 …………………………………… 015
任务 1-3　农林产品网络营销发展 …………………………………… 017

项目 2　农林产品网络市场调研 ………………………………………………… 023
任务 2-1　认识农林产品网络市场调研 ……………………………… 025
任务 2-2　农林产品网络市场调研策划 ……………………………… 029
任务 2-3　农林产品网络市场调研技巧 ……………………………… 036

项目 3　农林产品网店开设 ……………………………………………………… 048
任务 3-1　网络销售产品选择 ………………………………………… 050
任务 3-2　网络销售产品定价 ………………………………………… 058
任务 3-3　网络销售渠道选择 ………………………………………… 062

项目 4　农林产品网络广告 ……………………………………………………… 070
任务 4-1　网络广告基本知识 ………………………………………… 072
任务 4-2　农林产品网络广告策划 …………………………………… 078
任务 4-3　农林产品网络广告效果评估 ……………………………… 085

项目 5　农林产品网络营销策略 ………………………………………………… 088
任务 5-1　农林产品病毒性营销推广 ………………………………… 090
任务 5-2　农林产品搜索引擎营销 …………………………………… 094
任务 5-3　农林产品新媒体营销 ……………………………………… 106
任务 5-4　农林产品其他营销方式 …………………………………… 116

项目 6　农林产品网店客户服务 ………………………………………………… 121
任务 6-1　农林产品网店售前客户服务 ……………………………… 123
任务 6-2　农林产品网店售中客户服务 ……………………………… 130

任务 6-3　农林产品网店售后客户服务 ………………………………………… 133
项目 7　农林产品网络营销管理与评估 ……………………………………………… 140
　　任务 7-1　农林产品营销供应链管理 …………………………………………… 141
　　任务 7-2　农林产品网络营销风险管理与控制 ………………………………… 148
　　任务 7-3　农林产品网络营销效果综合评价体系 ……………………………… 154
参考文献 …………………………………………………………………………………… 165

项目1　认识农林产品网络营销

随着互联网应用技术的快速发展，用户获取和传播信息的方式发生了巨大的转变，网络营销的出现为广大企业带来了开拓市场的新途径和新商机。网络营销已经成为企业整体营销战略的重要组成部分，对于农林产品企业同样如此。本项目通过了解网络营销的产生与发展历程，结合农林产品特性及分类，了解农林产品网络营销发展趋势，以便农林产品企业制定适宜的网络营销发展战略。

学习目标

>> **知识目标**

1. 了解网络营销产生的环境和发展趋势。
2. 熟悉网络营销的定义及特征。
3. 掌握农林产品网络营销的定义及分类。

>> **能力目标**

1. 会运用网络营销的思维分析问题。
2. 会查询农林产品网络信息并进行在线互动。

>> **素质目标**

1. 培养农林产品网络营销的意识。
2. 培养立足乡村，服务乡村振兴的意识。
3. 培养"爱农村、爱农民、爱农业"的乡村情怀，深度挖掘家乡农林产品特色，把握商机。

知识体系

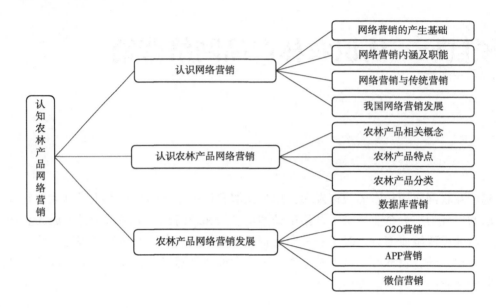

案例导入

农林产品的 QQ 群营销模式

在江苏镇江,一种"村民+QQ 群+市民"的农林产品销售新模式正在兴起。市民需要什么农林产品直接在 QQ 群里下单,群主依据订单向村民提货,然后通过"城乡直通车"将新鲜的大米、蔬菜、鸡和鱼等农林产品运送到市民手中。

首先,这个优质农林产品直销群帮助农民解决了农林产品销售难的问题,以量取胜;其次,市民们认为该农林产品直销群为他们把了农林产品的质量关,一举两得。

案例思考:

1. 你对利用 QQ 群进行农林产品直销有何看法?
2. 农林产品网络营销还可以采用哪些模式?

任务 1-1 认识网络营销

任务目标

1. 进一步理解农林企业开展网络营销活动的必要性。
2. 明确农林企业开展搜索引擎的误区。
3. 掌握农林企业可以开展的网络营销活动具体内容。
4. 了解农林企业开展网络营销活动的必备条件。

工作任务

通过在互联网上搜寻网络营销中常见的问题及答案，深刻理解网络营销的内涵，理解网络营销的具体内容与方法。

知识准备

1. 网络营销的产生基础

网络营销的产生是科技进步、消费者价值观变革、商业竞争等综合因素所促成的。同时，网络营销的产生有其技术基础、观念基础和现实基础。

（1）技术基础

网络营销是建立在以高科技作为支撑的互联网的基础上。对于企业来讲，要进行网络营销，必须引进拥有更新营销理念、掌握网络技术的复合型人才，并且要有一定的技术投入和技术支持，还要改变传统的组织形态，使其与新的营销方式相适应，并提升企业各管理部门的功能。

（2）观念基础

当今企业正面临着前所未有的激烈竞争，消费者主导的营销时代正在来临，这一变化使得当代消费者心理与以往相比呈现出新的特点和趋势。消费者价值观变化主要体现在以下几个方面：

①个性消费回归　随着市场经济的发展，如今的产品无论是在数量上还是在品种上都已经极为丰富。消费者能够以个人的意愿为基础挑选和购买商品或服务。消费者不仅能够自主选择，而且还有自己的标准，向商家不断提出要求。

②消费者的主动性增强　随着商品多样化，消费者购买商品的风险感随着购买选择的增多而上升，并对单向式的营销沟通产生厌倦或不信感。例如，在购买大型家电产品时，顾客往往会主动通过各种途径获取商品信息并进行分析比较，以此寻求心理上的平衡，减轻购买后的后悔感，进而增强对产品的信任和争取心理上的满足。

③对购买便利性的需求与购买乐趣并存　有一部分消费者由于工作压力大，长期处在高度紧张的状态下，为了节省时间而又满足基本生活需求，他们形成了相对固定的品牌选择。另外，有些消费者可供支配的时间较多，他们希望通过购物来消遣时间，寻找生活乐趣，保持与社会的联系，减少孤独感。

④价格仍然是影响消费心理的重要因素　虽然营销人员倾向于以各种差别化来削弱消费者对价格的敏感度，但价格始终对消费心理有重要影响，只要价格降幅超过消费者的心理界限，消费者也难免会改变既定的购物原则。

（3）现实基础

市场竞争日益激烈是网络营销产生的现实基础。各企业为了在日趋激烈的竞争中占据优势位置，都想方设法地吸引顾客。然而短时间内能吸引顾客，不一定就意味着在竞争上能取得胜利。

市场竞争已不再单纯依靠表层的营销手段，而上升为更深层次上的经营组织形式的竞争。经营者迫切地去寻求变革，尽可能地降低商品从生产到销售的供应链占所有成本的比例，进而缩短运作周期。

对于经营者求变的需求，网络营销可谓一举多得。开展网络营销，可以节约大量昂贵的店面租金，可以减少库存商品资金占用，可以使经营规模不受场地限制，可以便于采集客户信息等，这些都使得企业经营的成本和费用降低，运作周期缩短，从根本上增强企业的竞争优势，增加盈利。

2. 网络营销内涵及职能

（1）网络营销内涵

正确认识网络营销，自觉运用新的营销理念和营销策略构思新时期的营销工作。借助互联网这个平台，熟练地驾驭各种新的营销工具，使之成为企业在激烈的市场竞争中不断增强应变能力、增强经济实力、提高经济运行质量的新途径。

由于网络营销环境不断变化，各种新的网络营销模式不断出现，并且它又涉及多个学科知识，致使人们在不同的时期从不同的角度研究网络营销时存在一定的差异。与许多新兴学科一样，"网络营销"目前尚无一个公认的、完善的定义。

从网络营销的内容和表现形式来看，人们对网络营销有不同的认识。有些人将网络营销等同于在网上销售产品；有些人把域名注册、网站建设等基础网络服务内容认为是网络营销；也有些人只将网站推广看作是网络营销。应该说，这些观点都从某些方面反映出网络营销的部分内容，但并不能完整地表达网络营销的全部内涵，也无法体现出网络营销的实质。

总的来说，网络营销（online marketing, network marketing）是以互联网为基础，利用数字化的信息和网络媒体的交互性来辅助营销目的实现的一种新型市场营销方式。简单地说，网络营销就是通过互联网，为达到一定营销目的而开展的营销活动。

随着互联网技术的日益成熟以及互联网成本的不断降低，互联网好比是一种"万能胶"，将企业、团体、组织以及个人跨时空联结在一起，使得他们之间信息的交换变得轻而易举。市场营销中最重要、最本质的过程是组织和个人之间进行信息传播和交换。如果没有信息交换，交易就是"无本之源"。因此，互联网是开展网络营销的基础，互联网的某些特性使得网络营销呈现出以下特点：

①跨时空性　营销的最终目的是占有市场份额。由于互联网具有跨越时空进行信息交换的特点，基于互联网的网络营销也就使得脱离时空限制达成交易成为可能。企业有了更多的时间和更大的空间进行营销，可以每周7天、每天24小时随时随地地提供全球性营销服务。

②富媒体性　互联网可以传输多种媒体的信息，如文字、声音、图像、动画等，使得交易达成所需要的信息能以多种形式存在和交换。充分发挥营销人员的创造性和能动性，制作有创新性的富媒体内容，并将其以超文本的形式生动地展现给消费者，从而提高网络营销对消费者的影响力。

③成长性　随着经济的快速发展，越来越多的人开始使用互联网，而且使用者更年轻、受教育程度更高、经济状况也更好。由于这部分群体购买力强且具有很大的市场影响力，是极具开发潜力的市场营销对象之一。与此同时，越来越多的企业建立了自己的网店，开始尝试开发网络营销这一市场渠道。网络营销的成长性得到广泛认可。

④整合性　网络营销从消费者需求出发设计产品或服务，并将产品送达消费者。这就要求从商品信息发布、信息咨询、货款支付到售后服务一气呵成，因此开展网络营销需要企业对营销活动进行统一的规划和协调，有效整合企业内部及外部资源，以统一的传播资讯向消费者传达信息，满足消费者需求。

⑤技术性　网络营销建立在高技术支持的网络基础上。企业想要开展网络营销就要提高在相关方面的技术投入和人力投入，改变以往的组织形式，引进拥有更多更新营销理念、掌握网络技术的复合型人才。

知识链接

网络营销与电子商务

网络营销与电子商务既有区别又有联系。在实际工作中易将两者混为一谈。那么两者是什么关系呢？

1. 网络营销是电子商务的组成部分

网络营销要解决的问题是电子商务信息流中与客户之间信息双向沟通的问题。如果信息流的问题没有解决，电子交易的达成也就无从谈起。

2. 电子商务引领网络营销发展

商务部、中央网信办、发展改革委印发的《"十四五"电子商务发展规划》指出：电子商务新业态新模式蓬勃发展，企业核心竞争力大幅增强，网络零售持续引领消费增长，高品质的数字化生活方式基本形成。电子商务与一二三产业加速融合，全面促进产业链供应链数字化改造，成为助力传统产业转型升级和乡村振兴的重要力量。电子商务深度链接国内国际市场，企业国际化水平显著提升，统筹全球资源能力进一步增强，"丝路电商"带动电子商务国际合作持续走深走实。电子商务法治化、精细化、智能化治理能力显著增强。电子商务成为经济社会全面数字化转型的重要引擎，成为就业创业的重要渠道，成为居民收入增长的重要来源，在更好满足人民美好生活需要方面发挥重要作用。

可见，电子商务的发展方向及领域影响着网络营销，是网络营销发展的更高层次。

（2）网络营销职能

网络营销可以在8个方面发挥作用：网络品牌、网店推广、信息发布、销售促进、销售渠道、客户服务、客户关系、网上调研。这8个方面也就是网络营销的八大职能，网络营销策略的制订和各种网络营销手段的实施也以发挥这些职能为出发点。

①网络品牌　网络营销的重要任务之一就是在互联网上建立并推广企业的品牌。知名企业的线下品牌可以在互联网上得以延伸；一般企业则可以抓住这个机会通过互联网快速树立品牌形象，并提升企业整体形象。网络品牌建设是以企业网店建设为基础，通过一系列的推广措施，达到消费者和公众对企业的认知和认可。在一定程度上，网络品牌的价值甚至高于通过网络获得的直接收益。与网络品牌建设相关的内容包括企业网店、域名、搜索引擎排名、网络广告、电子邮件、会员社区等。

案例

三只松鼠网络品牌创建之路

三只松鼠是一家以销售坚果、干果为主的电商公司。2012年6月三只松鼠首次上线，仅仅3个多月时间，三只松鼠便成为坚果类产品电商第一品牌，它是怎么做到的呢？

首先，利用电商独特优势，能够在市场中一次建立顾客忠诚度。例如，传统短信一般为："尊敬的顾客……"而三只松鼠则采用："主人，您订购的鼠小箱正快马加鞭地向您飞奔而来！"形象而生动，令人印象深刻。

其次，包装独特，增强客户体验。当大多数农产品包装传统，三只松鼠无疑给人耳目一新的感觉。包装盒外附带开盒工具，盒内装有擦手湿巾，在细节上超出客户预期。

最后，利用电商平台，把好流量入口。当大多数企业还在利用平台免费流量坐等顾客时，三只松鼠已经先发制人，利用天猫钻石展位，将碧根果做成网络销量第一。

②网店推广　这是网络营销最基本的职能，在网络营销发展的初级阶段，甚至认为网络营销就是网店推广。相对于其他功能来说，网店推广显得更为迫切和重要，网店所有功能的发挥都要以一定的访问量为基础。所以，网店推广是网络营销的核心工作。

获得必要的访问量是网络营销取得成效的基础。尤其对于中小企业，由于经营资源的限制，发布新闻、投放广告、开展大规模促销活动等宣传机会比较少，因此通过互联网进行网店推广显得更为重要，这也是中小企业对于网络营销更为热衷的主要原因。即使对于大型企业，网店推广也是必要的。事实上，许多大型企业虽然有较高的知名度，但网店访问量并不高。总之，网店推广的基本目的就是让更多的用户对企业网店产生兴趣并通过访问企业网店内容、使用网店服务来提升品牌形象、促进销售、增进与消费者的关系、降低顾客服务成本等。

③信息发布　网店是一种信息载体，通过网店发布信息是网络营销的主要方法之一，同时信息发布也是网络营销的基本职能。所以，无论哪种网络营销方式，结果都是将一定的信息传递给目标人群。

信息发布需要一定的信息渠道资源，这些资源可分为内部资源和外部资源。内部资源包括企业网店、注册用户电子邮箱等，外部资源包括搜索引擎、供求信息发布平台、网店广告服务资源、合作伙伴的网络营销资源等。掌握尽可能多的信息渠道资源，并充分了解各自的特点，向目标人群传递尽可能多的、有价值的信息，是网络营销取得良好效果的基础。

④销售促进　营销的基本目的是辅助销售，网络营销也不例外。大部分网络营销方式都与直接或间接促进销售有关，但促进销售并不限于促进网上销售。事实上，网络营销在很多情况下对于促进线下销售也十分有价值。

⑤销售渠道　一个具备网上交易功能的企业网店本身就是一个网上交易场所，网上销售是企业销售渠道在网上的延伸。网上销售渠道建设不限于网店本身，还包括建立在综合电子商务平台上的网上商店，以及与其他电子商务网店不同形式的合作等。因此，网上销售并不是只有大型企业才能开展，不同规模的企业都可以建立适合自己需要的线

上销售渠道。

⑥客户服务　互联网提供了更加方便的在线客户服务手段，包括从形式最简单的FAQ（常见问题解答）到邮件列表，以及BBS（电子公告牌系统）、聊天室等各种即时信息服务。在线客户服务具有成本低、效率高的优点，在提高客户服务水平方面具有重要作用，同时也直接影响到网络营销的效果。因此，在线客户服务成为网络营销的基本组成内容。

⑦客户关系　良好的客户关系是网络营销取得成效的必要条件，通过网店交互、客户参与等方式在开展客户服务的同时，也增进了与客户的关系。

客户关系是与客户服务相伴产生的一种结果，良好的顾客服务才能带来稳固的客户关系。网络营销为建立客户关系、提高客户满意度和忠诚度提供了更为有效的手段，通过网络营销的交互性和良好的服务手段，增进客户关系。因此，良好的客户关系成为网络营销取得长期效果的必要条件。

⑧网上调研　通过在线调查表或者电子邮件等方式可以完成网上调研。相对于传统市场调研，网上调研具有效率高、成本低的特点，因此，网上调研成为网络营销的主要职能之一。

网上调研主要的实现方式包括通过企业网店设计的在线调研问卷、通过电子邮件发送的调研问卷，以及与大型网店或专业市场研究机构合作开展专项调研等。网上调研不仅为制定网络营销策略提供支持，也是整个市场调研活动的辅助手段之一。合理利用网上调研手段对于制定市场营销策略具有重要价值。

网络营销的职能是通过各种网络营销方法与手段来实现的，网络营销的各个职能并非是相互独立的，同一个职能可能需要多种网络营销方法的共同作用，而同一种网络营销方法也可能适用于多个网络营销职能。开展网络营销的意义就在于充分发挥各种职能，让网络营销的整体效益最大化。因此，不能仅仅由于某些方面效果欠佳进而否认网络营销的作用。

3. 网络营销与传统营销

（1）网络营销对传统营销的影响

网络营销对传统营销产生的影响主要体现在以下两个方面：网络营销提高了传统营销工作的效率；网络营销技术改变了营销战略。

在理解网络营销定义时要注意避免一些误区：

①网络营销不能取代传统营销　网络营销是企业整体营销战略的一个组成部分，网络营销活动不可能脱离一般营销环境而独立存在，在很多情况下网络营销理论是传统营销理论在互联网环境中的应用和发展。

对于不同的企业，网络营销所处地位有所不同。以经营网络服务产品为主的网络公司，更加注重于网络营销策略；而在传统的工商企业中，网络营销通常只是处于辅助地位。

网络营销与传统营销策略之间并没有冲突，但由于网络营销依赖互联网应用环境而具有自身的特点，因而有其相对独立的理论和方法体系。在企业营销实践中，往往是传统营销和网络营销并存。

②网络营销不等于网上销售　网络营销是为最终实现产品销售、提升品牌形象的目的

而进行的活动。网上销售是网络营销发展到一定阶段的结果，但并不是唯一结果，因此网络营销并不等于网上销售。这可以从以下3个方面来说明：

首先，网络营销的目的并不仅仅是促进网上销售。很多情况下，网络营销活动不一定能实现网上直接销售的目的，但是可能促进线下销售，并且增加消费者的忠诚度。

其次，网络营销的效果表现在多个方面，例如，提升企业的品牌价值、加强与客户之间的沟通、拓展对外信息发布的渠道、改善客户服务等。

最后，从网络营销的内容来看，网上销售只是其中的一部分，并且不是必须具备的内容。许多企业网站根本不具备网上销售产品的条件，网站主要是作为企业发布产品信息的一个渠道，通过一定的网络推广手段，实现产品宣传的目的。

（2）网络营销优势

与传统营销手段相比，网络营销无疑具有许多明显的优势，主要表现在以下方面：

①决策的便利性、自主性强　当今社会，人们的生活被各种繁杂的信息充斥，不得不被动地接受各种信息，在这样的情况下，广告的到达率和记忆率却不尽如人意，商家感慨广告费用高、效果不理想，消费者则抱怨广告无处不在而好广告却少之又少。网络营销则完全不同，人们可以有更多的自主权，根据自己的喜好选择对应的广告，这样的选择不受时间、地点、商家、销售人员等外在因素的影响，完全由自己做主，只需要点点鼠标就可以完成决策。这种灵活、快捷与方便是传统营销手段无法实现的。

②成本低　网络营销通过网络发布信息，直接向消费者推销商品，可减少渠道环节，发布信息的成本大大降低，传播范围也得到拓展，从而使产品具有价格竞争力。网络营销对于消费者来说，信息接收更具有针对性，避免了许多无用信息的传递，节约了时间成本；对于商家来说，可以根据订货情况灵活调整库存，降低库存成本。例如，网上销售台蘑，不仅信息更新及时，而且较传统商场和超市，可降低场地费、库存费等。

③沟通良好　商家可以通过制作用户调查表来收集客户的意见，让客户主动参与到产品的设计、开发、生产中来，使生产真正做到以客户为中心，从各方面满足客户的需要，避免不必要的浪费。而客户对自己参与设计的产品会倍加喜爱，如同是自己生产的一样。与此同时，商家需要设立专人解答疑问，帮助消费者了解有关产品的信息，使沟通人性化、个性化。例如，汽车生产厂家可提供各式各样的发动机、方向盘、车身等供客户挑选，然后在计算机上模拟安装，使客户看到模拟的成品或根据其需要加以调整，从而实现汽车的定制；汽车生产厂家也可由此得知客户的兴趣、爱好，有针对性地进行新产品的开发。

④服务优化　客户最怕遇到两种售货员：一种是"冷若冰霜"，让人不敢买；另一种是"热情似火"，让人不得不买，虽推销成功却使客户心中留怨。网络营销的一对一服务，给客户更多的自由考虑空间，客户可以在充分比较后再做决定，避免冲动购物。网上服务可以是24小时不间断的服务，更加快捷。例如，客户购买的某品牌实木家具出现开裂现象，通过咨询得知该实木家具摆放空间为北方铺设地暖的房间，屋内空气过于干燥，家具未得到较好的保护，造成质量问题，于是客户找到该家具公司站点，联系客服人员，裂缝家具得以更换，并了解了实木家具的日常保养注意事项。整个过程快捷、方便，家具公司也因此节省了一笔费用。通常，售后服务的费用占开发费用的67%，提供网络服务可降低此项

费用。优化的服务不仅表现为售后服务，在客户咨询和购买的过程中，商家便可及时地提供服务，帮助客户完成购买行为。

⑤多媒体效果好 网络信息传递所依据的传播媒介信息承载量大，具备电波媒体的视听效果，图文并茂，声像俱全，同时不需要印刷，资源节约，时空选择灵活，消费者可选范围大。

(3) 网络营销与传统营销的融合

首先，从心理学的角度出发，可以发现消费者的购买行为至少存在以下两种动机：第一种是真正产生了一定的购买需要。这种情况下，只要能够在必要的时间内满足消费者的需要就可以，而网络就可以满足这种动机下产生的需要。第二种则不然，消费者可能不仅为了得到某种商品，更是为了享受购买商品过程中的愉悦感、体验感，这就需要在传统营销过程中去实现，网络营销则无法替代。

其次，"眼见为实"的购买心理根深蒂固。在进行商品挑选时，传统营销比网络营销更具有自主性。看得到、摸得着的购物体验会让消费者更有真实感。但网络营销方式中商场是虚拟的，消费者对商品的了解只能通过图片、视频等形式进行，通过计算机传递的信息如商品的质量、重量、大小等在某种程度上会存在失真或理解有误差等，因此企业完全用网络营销替代传统营销是不能达到预期效果的。

再次，网络营销还要面对很多传统营销无法体会的问题。尽管电子商务日益普及与完善，但是网络依然存在很多安全隐患，例如，网络购物过程中，由于企业网络技术手段不成熟，网络运行时可能会发生上网速度慢、网络易堵塞、信息传递出错、交易平台混乱等现象；在网络支付过程中，由于安全防范不到位，造成信用卡号码被盗用、个人信息被泄露等问题。这就需要网络营销企业在建设过程中不断加强安全漏洞检测，降低网络交易风险，进而保障消费者权益。

最后，互联网销售市场只是整个商品市场的一部分，覆盖的消费群体也并非所有人群。例如，老年人由于互联网使用经验不足，基本不进行或很少进行网络消费，而在传统营销中却可以完全覆盖这部分群体。

总而言之，企业想要开展网络营销，前提是企业能够引导消费者进入企业网站，而宣传、推广网络站点等工作很大程度上需要通过传统营销环节来实现，因此网络营销不可能完全替代传统营销，二者只有最大限度地结合才能帮助企业创造更大的效益。

4. 我国网络营销发展

相对于互联网发达的国家，我国的网络营销起步较晚。到目前为止，我国的网络营销大致可分为3个发展阶段：播种期、萌芽期、应用和发展期。

(1) 播种期(1997年之前)

中国国际互联网1994年4月20日正式开通，但是在1997年之前，中国的网络营销并没有清晰的概念和方法，也很少有企业将网络营销作为主要的营销手段，直到1996年网络营销才开始被我国企业尝试。

在早期有关网络营销的文章中经常会描写某个企业在网上发布商品供应信息，然后接到大量订单的故事，并将互联网的作用人为地加以夸大，给人造成只要上网就有商机的印象。其实，在互联网信息很不丰富的时代，很多企业进行的网络营销活动并不完善，别人更无法从那些事件中找出可复制的一般性规律，只能从部分文章中看到一些模糊的细枝末节。例如，被称为网络营销神话的"山东农民网上卖大蒜"。据资料记载：山东陵县西李村支部书记李峰于1996年5月，在互联网上注册了自己的域名，把西李村的大蒜、菠菜、胡萝卜等产品信息发布在互联网上，解决了当地农特产品销售难的问题。诸如此类的事件，在很大程度上为网络营销增添了更多的神话色彩。总的来说，在网络营销的播种期，虽然概念和方法不明确，产生效果主要取决于偶然因素，但毕竟在我国网络营销的沃土中播下了良种。

(2) 萌芽期(1997—2000年)

根据中国互联网络信息中心(CNNIC)发布的《第一次中国互联网络发展状况调查统计报告》(1997年10月)显示，到1997年10月底，我国上网人数为62万人，万维网(world wide web，WWW)网站数量约1500个。虽然无论上网人数还是网站数量均微不足道，但发生于1997年前后的部分事件标志着中国网络营销进入萌芽阶段。例如，1997年江苏小天鹅集团有限公司利用互联网向国际上8家大型洗衣机生产企业发布合作生产洗衣机的信息，并通过网上洽谈，敲定合作伙伴；海尔集团1997年通过互联网将3000台冷藏冰箱远销爱尔兰。到2000年年底，多种形式的网络营销被应用，网络营销呈现出快速发展的势头并且有逐步走向实用的趋势。

(3) 应用和发展期(2001年之后)

2001年之后，网络营销已不再是空洞的概念，而是进入了实质性的应用和发展时期，主要特征表现在6个方面：

①网络营销服务市场初步形成　尽管网络营销服务市场至今仍不完善，但2001年之后，以"企业上网"为主要业务的一批专业服务商开始快速发展，一些企业已经形成了在该领域中的优势地位，这种状况也标志着国内的网络营销服务领域逐渐开始走向清晰化。域名注册、虚拟主机和企业网站建设已经比较成熟，成为网络营销服务的基本业务内容。其他比较有代表性的网络营销服务包括大型门户网站的分类目录登录、专业搜索引擎的关键词广告和竞价排名、供求信息发布等，另外一些比较重要的领域如专业E-mail策略、电子商务平台等也取得了明显的发展，并出现了一批具有较高知名度的规范服务商。同时，以出售收集邮件地址的软件、贩卖用户邮件地址、发送垃圾邮件等为主要业务的"网络营销公司"也在悄然发展，成为网络营销服务健康发展的障碍。

②网站建设成为企业网络营销的基础　中国互联网信息中心的统计报告显示，2001—2007年我国的万维网网站数量从24万个发展到150万个，其中绝大多数为企业网站，企业网站数量在快速增长，这反映了网站建设已经成为企业网络营销的基础。

③网络广告形式和应用不断发展　进入21世纪的前几年，我国网络广告市场虽然也受到网络经济滑坡的影响，但仍然保持一定的增长，更重要的是，网络广告市场的集中趋势更为明显。另外，从2001年开始网络广告从表现形式、媒体技术等多方面开始发生变革，如广告规格尺寸不断加大、表现方式更加丰富多样、通过网络广告展示的信息更多等。

④E-mail策略在困境中期待曙光　E-mail策略是国内较早诞生的一项网络营销活动，但从1997年至今，仍然没有在网络营销服务市场占据重要地位。尽管面对市场不成熟、受到垃圾邮件的冲击、服务商的屏蔽等问题的困扰，E-mail策略的重要性依然存在。从总

体上说，采用专业手段开展的 E-mail 策略效果仍然得到肯定。由于规范的 E-mail 策略活动没有得以普遍应用，使得发送垃圾邮件者有可乘之机。垃圾邮件造成的混乱使得部分用户对 E-mail 策略产生误解，要么把所有的商业邮件误以为是"E-mail 策略"，要么把所有的商业邮件都认为是垃圾邮件。大量的垃圾邮件破坏了规范的 E-mail 策略的声誉和网络环境，不仅为规范的 E-mail 策略带来了直接的威胁，而且严重时甚至影响了整个网络通信环境，使得一些正常的电子商务和客户服务工作等无法正常进行。

⑤搜索引擎策略向深层次发展　搜索引擎注册一直是网站推广的基本手段，甚至曾经一度被认为是网络营销的核心内容。搜索引擎策略之所以得以广泛应用，其中一个重要原因就是登录网站是免费的。但从 2001 年下半年开始，我国的主要搜索引擎服务商陆续开始了登录收费服务。收费服务自然会影响部分网站登录的积极性，不过也为网站提供了更多专业的服务，从功能上为网络营销提供了更为广阔的发展空间，从而提高了网络营销的效果。从目前的发展趋势看，搜索引擎策略仍然是企业在网站建设之后最重要的推广手段之一，也是网络营销专业服务的重要业务内容。

⑥网上销售环境日趋完善　建设和维护一个电子商务功能完善的网站并非易事，不仅投资大，还要涉及网上支付、网络安全、商品配送等一系列复杂的问题。随着一些网上商店平台的成功运营，网上销售产品不太复杂了，电子商务不再是只有网络公司和大型企业可以应用，而逐渐成为中小企业销售产品的常规渠道。

知识链接

网络营销相关岗位及任职要求

与网络营销相关的职业及岗位有很多，不同的岗位会有不同的技能要求。以下是与网络营销相关的岗位：

一、网络营销运营专员

岗位的概要描述：

负责网络运营部产品文案、品牌文案、深度专题策划、创意文案、推广文案的撰写、执行工作，对网站销售力和传播力负责。

岗位职责：

1. 负责网站数据分析，运营提升；
2. 负责搜索竞价平台的管理；
3. 协助部门经理建设网络营销的商业流程体系；
4. 负责公司网站的规划落地执行；
5. 协助部门经理筹划建立部门管理体系，协助进行员工招聘、考核、管理，协助部门规划、总结。

岗位要求：

1. 3 年以上电子商务或网络营销工作经验；
2. 具备项目管理、营销策划、品牌策划、网络营销等理论知识和一定的实践经验；
3. 具备优秀的网络营销数据分析能力和丰富的分析经验；

4. 具备一定的文案能力和网站策划能力,对客户体验有深刻认识和独特领悟;
5. 对网络营销商业全流程具备一定认知和执行能力。

二、网络营销经理/运营经理

岗位的概要描述:

负责本部门整体运营工作,负责网站策划、营销策划、网站内容、推广策划等业务指导及部门员工的工作指导、监督、管理、考核。

岗位职责:

1. 负责网络营销项目总策划,负责战略方向规划、商业全流程规划和监督控制,对部门绩效目标达成负总责;
2. 负责网站平台的策划指导和监督执行;
3. 负责网站产品文案、品牌文案、资讯内容、专题内容等的撰写指导和监督执行;
4. 负责网站推广策略总制定以及执行指导和监督管理;
5. 负责本部门的筹划建立,负责员工招聘、考核、管理,负责部门规划、总结。

岗位要求:

1. 5年以上电子商务/网络营销工作经验,3年以上项目策划、运营经验;
2. 具备项目管理、营销策划、品牌策划、网络营销等系统的理论知识和丰富的实践经验;
3. 具备优秀的电子商务或网络营销项目策划运营能力,熟悉网络文化和特性,对各种网络营销推广手段都有实操经验;
4. 具备卓越的策略思维和创意发散能力,具备扎实的策划功底;
5. 具备优秀的文案能力,能撰写各种不同的方案、文案;
6. 对网络营销商业全流程具备策划、运营、控制、执行能力;
7. 具备丰富的管理经验、优秀的团队管理能力。

三、搜索引擎优化专员

岗位的概要描述:

负责网站关键词在各大搜索引擎中的排名,提升网站流量,增加网站用户数。

岗位职责:

1. 运营搜索引擎到网站的自然流量,提升网站在各大搜索引擎的排名,对搜索流量负责;
2. 从事网络营销研究、分析与服务工作,评估关键词;
3. 对网站和第三方网站进行流量、数据或服务交换,或进行战略合作联盟,增加网站的流量和知名度;
4. 制订网站总体及阶段性推广计划,完成阶段性推广任务,负责网站注册用户数、PV、PR、访问量等综合指标;
5. 结合网站数据分析,对网站优化策略进行调整;
6. 了解网站业务,锁定关键字;强化站点内容、内部链接,建立外部链接;扩展长尾词。

岗位要求：

1. 两年以上SEO相关工作经验，有大中型网站优化经验者优先；

2. 掌握常用搜索引擎的基本排名规律，并精通各类搜索引擎的优化，包括站内优化、站外优化及内外部链接优化等，精通各种SEO推广手段，并在搜索引擎上的关键词排名给予显示；

3. 具有较强的网站关键字监控、竞争对手监控能力，具有较强的数据分析能力，能定期对相关数据进行有效分析；

4. 具备与第三方网站进行流量、数据、反向链接或服务交换的公关能力。

四、网络推广/网站推广专员

岗位的概要描述：

负责网络运营部创意文案、推广文案的撰写及发布，媒介公关和广告投放等工作，对网站有效流量负责。

岗位职责：

1. 负责传播文案、创意文案、软文、新闻等撰写、发布、执行和控制；

2. 负责论坛事件营销的创意和执行；

3. 负责媒介公关和广告投放的执行和监测；

4. 负责邮件、博客等各种网络推广形式的规划和执行；

5. 对网站的有效、精准流量负责。

岗位要求：

1. 3年以上电子商务或网络营销工作经验；

2. 具备品牌策划、传播策划、网络营销等系统的理论知识和丰富的实践经验；

3. 了解各种网络营销方法、手段、流程，并有一定实操经验；

4. 具备卓越的策略思维和创意发散能力，具备扎实的策划功底；

5. 具备优秀的文案能力，能撰写各种不同的方案、文案；

6. 对网络文化、网络特性、网民心理具有深刻洞察和敏锐感知。

五、网站编辑/网络编辑

岗位的概要描述：

负责网络运营部资讯、专题等网站内容和推广文案的撰写、执行工作，对网站销售力和传播力负责。

岗位职责：

1. 负责定期对网站资讯内容及产品的编辑、更新和维护工作；

2. 负责网站专题、栏目、频道的策划及实施，能对线上产品进行有效的整合，配合策划执行带动销售的活动方案，从而达到销售目的，适时对网站频道提出可行性规划、设计需求报告；

3. 编写网站各类宣传资料，收集、研究和处理网络读者的意见和反馈信息；

4. 负责频道管理与栏目的发展规划，促进网站知名度的提高；

5. 负责集团及各分公司新闻活动的外联工作及各活动的及时报道与回顾，负责重要活动及人物的采访；

6. 对各网站的相关内容进行质量把控，以提升网站内容质量。

岗位要求：

1. 2年以上新闻记者、编辑工作经验；

2. 熟悉互联网，了解网络营销，有较强的频道维护和专题制作的经验和能力，对客户体验有极深了解；

3. 具备扎实的营销知识和丰富的实践经验，能有效提升网站的销售力和传播力；

4. 具有扎实的文字功底及编辑能力；

5. 拥有良好的沟通能力与表达能力，具有快速准备的反应能力及较强的分析解决问题能力；

6. 具有工作责任心、良好的团队合作精神，能够承受一定的工作压力；

7. 熟悉网站的建立与维护，了解并能使用 Dreamweaver、Photoshop、Microsoft Office 软件等网页编辑工具。

六、网络营销文案策划

岗位的概要描述：

负责网络运营部产品文案、品牌文案、深度专题策划、创意文案、推广文案的撰写、执行工作，对网站销售力和传播力负责。

岗位职责：

1. 负责公司产品文案、品牌文案、项目文案的创意和撰写；

2. 负责公司网站的专题策划，并与网站编辑共同执行文案撰写；

3. 负责规划方案和策划方案的撰写；

4. 负责传播文案的创意和撰写；

5. 对网站的销售力及传播力负责。

岗位要求：

1. 3年以上品牌、广告、软文的撰写工作经验，有一定的策略方案经验；

2. 具备营销、品牌、广告等系统的理论知识和丰富的实践经验；

3. 具备卓越的策略思维和创意发散能力，具备深刻的洞察力；

4. 具备优秀的文案能力，能撰写各种不同的方案、文案；

5. 了解、熟悉网络特性和网络文化，对网络营销具备一定的经验，熟悉各种网络营销的手段和方法。

任务实施

1. 进入相关电子商务网站进行浏览，如登录淘宝、京东等网站。

2. 进入相关搜索引擎网站，如登录百度网站等。

3. 寻找以下问题答案：

(1) 学习网络营销有何好处？

(2) 不懂计算机操作，能不能学好网络营销？

(3) 不花钱是否能够进行网站推广？

(4) 中小企业在进行网络营销活动时存在哪些误区？

(5) 网络营销活动的内容包括哪些？

任务 1-2 认识农林产品网络营销

任务目标

1. 能列举适合开展网络营销的农林产品类别。
2. 了解当前农林产品企业开展网络营销活动的类型。
3. 掌握农林产品企业开展网络营销活动中存在的问题。

工作任务

通过借助网络工具，查阅农林产品网络营销活动开展情况，在明确农林产品自身特征的基础上，认真分析农林产品企业网络营销活动类型，找到存在的机遇与挑战，并绘制思维导图。

知识准备

农林产品企业开展网络营销，不仅可以节约大量昂贵的店面租金，还可以减少库存商品资金占有；既可以使经营规模不受场地限制，又便于采集用户信息等。这些都使得企业经营的成本和费用降低，运作周期缩短，从根本上增强企业的竞争优势，增加盈利。对于农林企业来讲，要进行网络营销，必须引进拥有更多更新的营销理念、掌握网络技术的复合型人才，有一定的技术投入和技术支持，还要改变传统的组织形态，使其与新的营销方式相适应，并提升企业各管理部门的功能。

1. 农林产品相关概念

从广义上来讲，产品是指通过交换能够满足用户某种需求和欲望的有形产品和无形产品。农林产品则指与农林业生产、种植、销售等环节密切关联的有形产品和无形服务，以及衍生行业相关产品与服务，既包括农林初级产品，又包括农林深加工产品。

农林产品网络营销是以农林产品为主要经营对象，借助互联网技术在产品售前、售中、售后各个环节进行即时、双向的信息沟通和跟踪服务。网络营销活动贯穿于农林产品企业经营的全过程，涉及农林产品市场调研、农林产品客户分析、农林产品开发、农林产品销售策略拟定、农林产品客户服务与管理等多个方面。

2. 农林产品特点

(1) 生产具有周期性

由于农林产品生长大多具有较长的周期，如台蘑等从种植到收获需要经历较长时间，且对自然环境要求较高，要想有效调节生产与需求间不协调的问题，需要进行一定的仓储准备，以及深加工的产业链发展，无形之中会增加运营企业的经营成本与经营风险。

(2) 保管及运输要求高

根据农林产品的生产特征，大多数初级产品对保管、运输有特定要求。如生鲜产品需要在物流配送方面提供冷链物流，家具、花艺等产品则需要特殊运输工具，在包装上要求较高，会增加运输成本等。

（3）生态价值高

随着生活水平的提高，人们对于农林产品的需求越来越多，这是由于农林产品在生产制造过程中一直处于良好的生态环境之中，虽然成本较高，但其带来的消费体验也是令人满意的。

（4）受自然环境制约

自然环境中的很多因素是人类无法预见、不可掌控的，如洪涝灾害、地震等。因此，作为农林产品经营者，必须最大限度地尊重环境，适应自然规律，将损失降到最低。

3. 农林产品分类

（1）农产品分类

①按照加工程度划分　农产品可以分为初级农产品和加工农产品。

初级农产品是指种植业、畜牧业、渔业产品，包括谷物、油脂、农业原料、畜禽及产品、林产品、渔产品、海产品、蔬菜、瓜果和花卉等产品，不包括经过加工的产品。

加工农产品是指必须经过某些加工环节才能食用、使用或储存的加工品，如消毒奶、分割肉、冷冻肉、食用油、饲料等。

②按照特殊程度划分　农产品可以分为普通农产品和名优农产品。名优农产品是指由生产者自愿申请，经地方有关部门初审，权威机构根据相关规定程序，认定生产规模大、经济效益显著、质量好、市场占有率高，已成为当地农村经济主导产业，有品牌、有明确标识的农产品。

③按照基因形成方式划分　农产品可以分为转基因农产品和非转基因农产品。转基因农产品是指利用基因转移技术，即利用分子生物学的手段将某些生物的基因转移到另一些生物的基因上，进而培育出人们所需要的农产品。

④按照传统和习惯划分　农产品可分为粮油、果蔬及花卉、林产品、畜禽产品、水产品和其他农副产品六大类。

（2）林产品进行分类

①林区农产品　林区农产品主要是指与林产品生长并存的农产品，是农业中生产的如高粱、稻子、花生、玉米、小麦以及各个地区土特产等。在林区中生长的农产品主要有台蘑、木耳等，如山西省五台台蘑以产量有限、营养价值高而尤为著名。

知识链接

林下经济主要是指以林地资源和森林生态环境为依托，发展起来的林下种植业、养殖业、采集业和森林旅游业，既包括林下产业，也包括林中产业，还包括林上产业。

林下经济是在集体林权制度改革后，集体林地承包到户，农民充分利用林地，实现不砍树也能致富，科学经营林地，是在农业生产领域涌现的新生事物。林下经济充分利用林下土地资源和林荫优势从事林下种植、养殖等立体复合生产经营，从而使农林牧各业实现资源共享、优势互补、循环相生、协调发展的生态农业模式。

②林木艺术品　林木艺术品主要是指利用林木作为原料，通过生产、雕刻、加工使其具有一定的观赏性、艺术性以及装饰作用和收藏价值等。如根雕、竹藤制品等。

③森林衍生产品　森林生态旅游是一种正在迅速发展的新兴的旅游形式，也是当前旅游界的一个热门话题。森林提供木材的功能逐步消退，改善环境及为公众提供休憩功能正在逐步加强。森林生态旅游越来越为人们所关注，已成为世界旅游业的重要组成部分和现代林业必不可少的重要内容。

农家乐是新兴的旅游休闲形式，是农民向城市现代人提供的一种回归自然从而获得身心放松、愉悦精神的休闲旅游方式。一般来说，农家乐的业主利用当地的农产品进行加工，满足客人的需要，成本较低，因此消费不高。而且农家乐周围一般都是美丽的自然或田园风光，空气清新，环境放松，可以舒缓现代人的精神压力，因此受到很多城市人群的喜爱。

任务实施

1. 进入淘宝、京东、拼多多等电商平台，查看农林产品网络营销活动开展情况。
2. 进入相关搜索引擎网站，记录农林产品排名靠前的企业开展网络营销活动情况，分析、对比、查看农林产品特点，查找其他农林产品企业开展网络营销工作存在的问题及障碍。
3. 利用绘图工具进行农林产品企业开展网络营销活动内容分析，并绘制思维导图。

任务1-3　农林产品网络营销发展

任务目标

1. 掌握网络营销的发展趋势。
2. 了解网络营销的形式。
3. 能够结合农林产品特点为企业选择合适的网络营销方式。

工作任务

通过网上购买农林产品，进一步理解网络营销的内涵，了解网络营销发展的历程，能够理解网络营销发展趋势。

知识准备

1. 数据库营销

数据库营销是指企业通过收集和积累会员信息，经过分析筛选有针对性地使用电子邮件、短信、电话、信件等方式进行信息深度挖掘与关系维护的营销方式。数据库营销是在互联网技术与数据库技术发展的基础上逐渐兴起和成熟起来的一种市场营销推广手段，是为了实现接洽、交易和建立客户关系等目标而建立、维护和利用客户数据与其他资料的过程。

数据库营销不仅是一种营销方法、工具、技术和平台，更是一种重要的企业经营理念，它改变了企业的市场营销模式与服务模式，从本质上讲改变了企业营销的基本价值观。企业通过收集和积累大量的客户信息并经过处理，可以预测他们购买某种产品的可能性，以及利用这些信息给产品以精确定位，有针对性地发布营销信息达到说服其购买产品的目的。通过数据库的建立和分析，各个部门都对客户的资料有详细全面的了解，可以给予客户更加个性化的服务支持和营销设计，使"一对一的客户关系管理"成为可能。

从全球来看，数据库营销作为市场营销的一种形式，越来越受到企业管理者的青睐，在维系客户、提高销售额中扮演着越来越重要的角色。

(1) 宏观功能——市场预测和实时反应

对于客户数据库的各种原始数据，企业可以利用"数据挖掘技术"和"智能分析"从潜在的数据中发现盈利机会。基于年龄、性别、人口统计数据和其他相关因素，对客户购买某一种具体产品的可能性做出预测；根据数据库中客户信息特征有针对性地确定营销策略与促销手段，提高营销效率，帮助公司决定制造适销的产品以及为产品制订合适的价格；以所有可能的方式研究数据，如按地区、国家、产品、销售人员等方式，比较出不同市场的销售业绩，找出数字背后的原因，挖掘出市场潜力。关于企业产品质量或者功能的反馈信息，首先通过市场、销售、服务等一线人员从市场处得知，把有关的信息整理好以后，输入数据库，定期对市场上的用户信息进行分析，提出报告，帮助产品在工艺或功能上不断改善，以及帮助产品开发部门做出前瞻性的研究和设计。管理人员可以根据市场上的实时信息随时调整生产和原料采购，或者调整生产产品的品种，最大限度地减少库存，做到"适时性生产"。

(2) 微观功能——分析每位顾客的盈利率

事实上，对于一个企业来说，真正给企业带来丰厚利润的客户只占所有顾客的20%左右，他们是企业的最佳客户，盈利率是最高的。对于这些客户，企业应该提供特别的服务、折扣或奖励，并要保持足够的警惕，因为竞争对手也是瞄准这些人群发动竞争攻击的。然而，绝大多数企业的客户关系战略只是为了获取尽可能多的用户，很少花精力去辨别和维护他们的最佳客户，同时去除不良客户。但是如果利用数据库营销，企业就可以利用数据库中的详细资料，获取微观信息，通过加强客户区分的统计研究，计算每位顾客的盈利率，然后去竞争对手那里争取更多的优质客源。

目前，传统的营销方式在我国仍占据着相当的地位，数据库营销只是对传统营销方式的补充和改变。但从长期来看，数据库营销必将随着企业管理水平，尤其是营销管理水平的提升而得到创新使用。现在一些具有领先观念的企业，如广东美的集团股份有限公司已经建设了顾客关系管理(CRM)系统，全面收集客户信息以不断提升服务质量。

随着经济的日益发展和信息技术对传统产业的改造，个性化消费需求的满足成为可能。企业需要全方位提升竞争力，特别是企业的客户信息处理能力。网络营销作为企业经营战略中非常重要的营销体制，必须吸收先进的营销理念和手段，革除传统营销模式的弊端。数据库营销是先进的营销理念和现代信息技术的结晶，必然是企业未来的选择。

2. O2O营销模式

O2O营销模式又称离线商务模式，是指线上营销、线上购买带动线下经营和线下消费。O2O 通过打折、提供信息、服务预订等方式，把线下商店的消息推送给互联网用户，从而将他们转换为自己的线下客户。这一模式特别适合需要到店消费的商品和服务，如餐饮、健身、电影和演出、美容美发等。2013 年 O2P 营销模式出现（即本地化的 O2O 营销模式），正式将 O2O 营销模式带入了本地化进程当中。在农村电子商务活动中，出现了诸多 O2O 营销模式，如美淘村、乐淘村等，为当地农林产品出售开辟了崭新的销售渠道和盈利模式。具体来说，这种营销模式对商家、用户、交易平台都有非常深远的意义。

案例

海底捞的 O2O 发展历程

海底捞是中国餐饮行业线上部分做得较好的企业之一。通过 2012 年 10 月新浪微博开放平台的数据可以看出，海底捞新浪微博的粉丝数位列餐饮企业的前列，平均转发数排名第二，平均评论数和粉丝活跃热度均位居榜首。我们以海底捞 O2O 的实践经历来看，其成功的根本原因就是为顾客提供了超乎预期的线下服务，但是，如果没有线上宣传，海底捞的口碑不会传播得如此之快、如此之广。

基于海底捞的实践经验，我们发现 O2O 营销模式对用户、商家、平台而言有不同的重要意义，对用户而言，可以获取更加丰富、更加全面的商家及其服务的信息，可以更加便捷地向商家在线咨询并进行预购，能够获得相比线下直接消费较为便宜的价格。

对商家而言：能够获得更多的宣传和展示机会，吸引更多新客户到店消费；推广效果可查，每笔交易可跟踪；能够掌握用户数据，大大提升对老客户的维护与营销效果；通过用户的沟通、释疑能够更好地了解用户心理；通过在线有效预订等方式，能够合理安排经营、节约成本；对拉动新品、新店的消费更加快捷；降低线下实体店对黄金地段旺铺的依赖，大大减少租金支出。

对平台本身而言：与用户日常生活息息相关，能给用户带来便捷、优惠、消费保障等作用，并能吸引大量高黏性用户；对商家有强大的推广作用以及可衡量的推广效果，可吸引大量线下生活服务商家加入；能够获取多于 C2C、B2C 的现金流；具有巨大的广告收入空间及形成规模后更多的盈利模式。

3. APP 营销

APP 是英文 application 的缩写，中文翻译为"应用"。APP 营销是应用程序的营销，借助 APP 的营销推广，让用户了解、下载、使用、分享，并且达成依赖和成交的目的。随着智能手机和平板电脑等移动终端设备的普及，人们逐渐习惯了使用 APP 客户端上网的方式，目前国内各大电商，均拥有了自己的 APP 客户端，这标志着 APP 客户端的商业使用已经开始初露锋芒。

APP 已经不仅是移动设备上的客户端，人们在手机上会安装社交软件、视频软件、短视频软件、地图软件、打车软件、购物软件等，农林企业可以有效利用此类 APP 开展营销活动。APP 营销可以从以下 7 个方面帮助企业提升经济效益，具体如下：

（1）有效提升企业形象

借助 APP，中小企业可以迅速提升知名度，有效传递企业文化、企业经营理念等企业价值信息，用户在使用APP了解品牌和产品的同时更加认同企业的价值观，进而提升企业在用户心目中的形象。

(2) 节约成本

APP营销模式的费用相对于电视、报纸甚至是网络都要低得多，只要开发一个适合于本品牌的APP就可以了，可能还会有一点推广费用，但这种营销模式的营销效果是电视、报纸和网络所不能代替的。同时一旦用户将APP下载到手机或在SNS网店上查看，那么就会持续进行使用，这无疑提升了产品和业务的营销能力。

(3) 帮助用户获取更全面的信息

APP能够全面地展现产品的信息，不仅包括产品的详细介绍如尺寸、规格、包装、售后服务等，还包括用户对产品的各种评价，让用户在没有购买产品之前就已经感受到产品的魅力，降低对产品的抵抗情绪。通过对产品价格、品质、销量等信息的了解，方便用户从海量数据中挑选出自己心仪的产品。

(4) 服务便捷

网上订购时，通过APP对产品信息进行了解，可以及时地在APP上下单或者是链接移动网店进行下单。用户利用手机和网络进行交流和反馈，易于开展商家与个别客人之间的交流。客人的喜爱与厌恶的样式、风格和品味，也容易被商家掌握。这对产品大小和样式设计、定价、推广方式、服务安排等均有重要意义。

(5) 精准营销

APP通过可量化的、精确的市场定位技术突破了传统营销定位只能定性的局限，借助先进的数据库技术、网络通信技术及现代高度分散物流等手段保障与用户的长期个性化沟通，使营销达到可度量、可调控等精准要求。用户的每一次查询浏览、点击关注、购买行为，在APP平台后端都会以大数据的形式被记录，通过大数据分析，能够对用户的购买偏好、能接受的价格、习惯使用的支付方式等信息进行精准定位，在用户下一次打开APP用户界面时，就可以提供精准的促销信息，让营销效果最大化。

(6) 实现与用户的互动

传统大众媒体的传播属于单向传播，消费者作为信息接收者，只能被动接受，反馈渠道较弱。通过APP则可以改变这种局面。一方面，用户可以个性化设置需要的企业信息；另一方面，企业可以及时根据后台数据得到用户使用的反馈情况，快速调整和优化企业的产品和服务。

案例

康师傅"签到玩游戏，创引新流行"

康师傅作为传统快消品行业的头部企业之一，充分利用新媒体手段，将时下最受年轻人欢迎的手机位置"签到"与APP互动小游戏相结合，融入营销活动。消费者接受任务后，通过手机在活动现场和户外广告投放地点进行签到，就可获得相应的勋章并赢得抽奖机会。康师傅线上活动和线下活动紧密结合，用户可以通过手机随时随地全程参与，利用网友自传播，巧妙地展示出康师傅传世、新颖、经典、创新发展的品牌内核。

(7) 强化用户黏性

APP 本身具有很强的实用价值，用户通过 APP 可以让手机成为一个生活、学习、工作上的好帮手，是手机的必备功能。同时 APP 作为企业对外宣传推广的重要窗口，具有强大的功能，能够将文字、图像、音像视频等多样化的信息融为一体推送给用户，实现单一媒体向多媒体形式的转换。另外，企业开发 APP 还可以实现以用户为主导的双向互动，有助于企业深度挖掘用户的需求，不断改善用户体验，强化用户黏性。

总而言之，农林产品网络营销除了利用网络平台进行产品宣传外，其已经进入了一个新的时代，从提供服务到增强客户关系，从发布信息到促进销售，网络营销的发展已经发生了天翻地覆的变化。在未来，农林产品网络营销将会线上线下全面推广，打破传统营销模式僵局。

4. 微信营销

微信自 2011 年推出以来，短短十几年时间就迅速占领了我国即时通信行业市场，腾讯公司成功将微信打造成与 QQ 一样的移动社交产品。时至今日，微信所提供的服务和功能早已突破过去简单的聊天交流功能。利用微信开展营销活动，已经成为网络营销的全新方式。

微信营销是通过微信软件与微信用户搭建一个类似朋友的关系链，并在该社交关系中借助移动互联网特有功能制造全新的营销方式，以达到传播产品信息、传达品牌理念、促进产品销售、强化企业品牌的营销目的。

随着移动互联网时代的来临，越来越多的用户喜欢使用微信聊天、晒朋友圈、阅读公众号。微信已成为互联网世界中重要流量的入口，微信营销的优势逐渐显现出来，许多农林企业也开始重视微信营销。

微信营销具有海量的潜在客户，同时营销成本较低。微信软件本身就是免费的，使用各种功能一般也不会收取费用。而且，微信对用户的分类更加多样化，企业可以通过后台的用户分组和地域控制，实现精准的信息推送，营销定位更加精准。微信作为一款即时通信工具，拥有强大的功能，如二维码、漂流瓶、朋友圈等，拉近了商家与用户的距离，营销方式呈现出多样化的特点。

纷杂的信息可能会给消费者带来一定的困扰，但微信营销可以最大限度地避免这一问题。用户可以自由选择是否接收信息，有更大的选择空间，营销方式更加人性化。由于微信上每一条信息都是以推送通知的形式发送，信息很快就可以达到用户的微信移动端，到达率可达 100%，信息交流的互动性更加突出。

中国互联网络信息中心发布的第 50 次《中国互联网络发展状况统计报告》数据显示，截至 2022 年 6 月，我国网民规模已经突破 10.51 亿，互联网普及率达 74.4%，互联网基础建设全面覆盖，移动通信工具的保有量日趋上升，这为网络营销的发展奠定了坚实的基础。

任务实施

1. 通过网络购买一款农林产品，具体步骤如下：

(1) 通过 PC 端或者移动端，进入相关电子商务网站。

（2）通过导航栏查询商品、选择商品或者在搜索栏中进行模糊查询和快速查询。
（3）通过多平台进行价格、性能、品牌等方面的对比查询，并进行记录。
（4）如果未注册会员，则先注册，激活邮件，注册成功后确认购买信息。
（5）进行支付后，查看物流信息，并完成交易。
（6）使用框图描述整个交易流程。

2. 分析本人所购买商品都通过哪些网络营销手段进行销售宣传，并总结各自的特色和存在的问题。

项目2　农林产品网络市场调研

网络市场调研是网络营销工作中的重要环节，没有市场调研就无法把握市场。网络调研作为企业营销信息系统工作中的重要环节之一，可以帮助企业更好地获得竞争对手的资料，摸清目标市场和营销环境，为经营者确定网络营销目标提供相对准确的决策依据。

学习目标

知识目标

1. 掌握农林产品网络市场调研的相关概念、内容、构成。
2. 掌握农林产品网络市场调研问卷设计的基本结构与内容。
3. 掌握市场调研的4种基本方式：重点调查、普查、典型、抽样；掌握农林产品网络市场调研的方法：文案调查法、实地调查法、网络调查法等。
4. 理解、掌握农林产品网络市场调研报告的结构和内容。

能力目标

1. 会设计农林产品网络市场调研方案。
2. 会进行农林产品网络市场调研问卷设计。
3. 会进行农林产品网络市场信息收集。
4. 会进行农林产品网络市场信息整理。
5. 会进行农林产品网络市场信息分析。
6. 会撰写农林产品网络市场调研报告。

素质目标

1. 培养实事求是、严谨细致的工作态度。
2. 培养诚实守信、真诚勤恳的优良品质。
3. 培养助力乡村振兴的意识。

知识体系

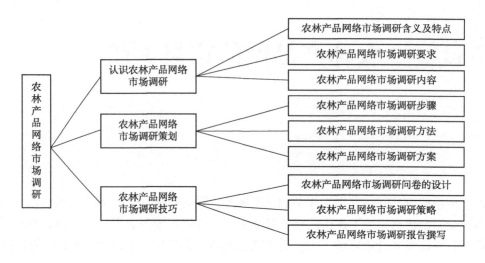

案例导入

农产品成本调查:"田间地头"搞调查 成就领域权威

农产品成本调查是价格管理当中的一项重要基础性工作,同时是新中国成立后开展最早、持续性最好的调查统计工作之一。2003年至今,农产品调查进入了完善创新阶段。修订《农产品成本调查管理办法》,陆续完善种植业、饲养业、畜牧业核算指标体系,升级审核汇总软件,建立农产品成本调查网络平台,利用互联网、大数据、手机APP等现代技术手段丰富和创新农产品成本调查方式,提升服务效率和水平。"接地气"是农产品成本调查的最大优势,从"田间地头"里撷取的数据,农户日复一日登记台账,记录生产产品、种植农产品过程中的点滴投入。

农产品成本调查中,来自田间地头的数据看似简单、原始,但却是真正的农业大数据,也有着不可估量的价值。农产品成本调查一直以来是反映我国农产品生产者价格(农民的实际出售价格)的重要渠道。多年来,农产品成本调查工作通过发挥直接联系农户的优势,加强对农村市场价格和相关情况的监测,使农产品成本调查网络与农村监测网络、农村物价监督员等渠道形成系统合力,建立起从农产品生产、收购到批发和零售环节的全过程市场价格监测体系,为准确分析判断价格形势、科学作出价格决策提供依据。

农产品成本调查是坚持"为农民说话,为农业服务"的重要农业大数据。同时是讲好乡村振兴故事,传播党的"三农"政策,服务乡村振兴工作大局的重要端口。

乡村农产品是实施乡村振兴战略的重要任务,也是国家现代化建设的重要内容。

案例思考:
1. 农产品成本调查对农村经济有何意义?
2. 在调查过程中使用了哪些手段和工具进行资料收集?
3. 如何提升市场调查的准确性?

任务 2-1　认识农林产品网络市场调研

任务目标

1. 了解本地区农林产品市场的特点。
2. 了解本地区农林产品网络市场调研的内容。
3. 了解本地区农林产品已有的相关调查。

工作任务

通过网络搜索本地区农林产品市场的特点，根据所学知识分析本地区农林产品网络市场调研的可选择内容，并深刻理解农林产品网络市场调研的内容。

知识准备

1. 农林产品网络市场调研含义及特点

（1）农林产品网络市场调研含义

市场调研是为了满足营销需要而进行的调查活动，市场调研有狭义和广义之分。狭义的市场调研仅指对消费者的调查，是以科学的方法和手段收集消费者对产品购买及其使用的有关数据、意见、要求、购买的行为和动机等的研究。广义的市场调研是从整个市场的角度出发，包含了从认识市场到制订营销策略的一切有关市场营销的分析和研究活动。

网络市场调研又称网上调研或在线调研。网络市场调研是指企业利用互联网作为沟通和了解信息的工具，对消费者、竞争者以及整体市场环境等与营销有关的数据进行系统调查、分析、研究。而农林产品网络市场调研同样是利用互联网进行相关的数据调研，包括消费者需要、市场机会、竞争对手、行业潮流、分销渠道以及战略合作伙伴方面的情况。网络市场调研与传统的市场调研相比有着无可比拟的优势，如调研费用低、效率高、调查数据处理方便、不受时间地点的限制。因此网络市场调研是网络时代企业进行市场调研的主要手段。

（2）农林产品市场特点

农林产品属于商品，农林经济属于市场经济。但是农林业比其他行业具有更强的广泛性、不确定性和难以预测性。从市场需求的角度看，它受到来自宏观经济环境和其他许多相关产业部门发展状况的影响，例如，当经济不景气时，市场对木材的需求量下降；当造纸业不景气时，造纸业生产纸浆对原料的需求减少；当居民人均可支配收入下降时，整个市场对水果的需求量下降等。因此，农林产品的市场需求非常依赖于整个国民经济发展状况和其他以农林产品为原料的产业部门的景气情况。从市场供给的角度来看，农林本身具有多方面不利的市场特性，例如，农林产品投资经营主体的多样性；农林产品的广泛性和分散性；农林产品生产周期长的特殊性等。

①农林产品投资经营主体的多样性　农林行业的投资经营主体主要分为政府（或国有

农林企业)、社区集体、林农个体以及各种类型的国内企业和外资企业,它们作为自主经营、独立核算、自负盈亏的独立农林产品供给者,如果没有充分、适当的市场信息进行合理引导,都按照自己的主观意愿进行投资和产品生产,则很容易出现产品生产和供给的盲目性,造成农林市场的大起大落。交替性表现在年度间或数年度间的市场供过于求或供不应求,不利于农林市场健康和平衡发展,会给整个行业或产业带来极大的损害。

②农林产品的广泛性和分散性　从世界范围看,农林产品遍及全球;从单个国家看,农林产品遍及全国,不仅分布广泛,而且呈现出明显的地域差异性。此外,林区大多分散在人烟稀少、交通不便、经济不发达的边远山区,对产品的市场价格、供求数量及趋势、产品质量等情况不能及时掌握。这就客观上给农林产品开发和投资经营带来了复杂性和艰巨性,很容易导致市场信息的不对称,即一个区域的政府相关部门、农林投资经营主体很难合理充分地了解市场需求以及其他区域生产供给情况与发展趋势,从而造成农林产业开发、产品生产和供给的盲目性。

③农林产品生产周期长的特殊性　农林行业相对于其他行业产品生产周期长。例如,大径级材的生产周期为25~30年;小径级材的生产周期为10~15年;以利用木片为目的的工业原料林,生产周期在5年以上,即便是绿化用苗木和果树类,一般也需3~5年才能形成农林产品。生产周期越长,不确定性因素就越多,这一特殊性给农林产品市场的调查分析带来了很大的困难。

农林产品的上述市场特点需要极大地扩大农林产品的市场调研和分析范围,增加了复杂程度,也使农林产品的市场调研和分析工作面临更多的不确定因素。

2. 农林产品网络市场调研要求

与传统市场调研方法相比,利用互联网进行农林产品市场调研有以下特点:

(1)调研信息的及时性和共享性

由于网络的传输速度非常快,网络信息能够快速地传送给网络用户,而且网上投票信息经过统计分析软件初步处理,可以看到阶段性结果,而传统的市场调研得出结论需经过很长的一段时间。同时,网络市场调研是开放的,任何网民都可以参加投票和查看结果,这又保证了网络市场调研的共享性。

(2)调研方式的便捷性和经济性

在网络上进行市场调研,无论是调研者或是被调研者,只需拥有一台能上网的计算机或移动设备就可以进行网络沟通交流。调研者在企业网络站点上发出电子调研问卷,提供相关的信息,或者及时修改、充实相关信息,被访问者只需轻点鼠标或填写问卷,之后调研者利用计算机对被调研者反馈回来的信息进行整理和分析即可,这种调研方式十分便捷。

同时,网络市场调研非常经济,它可以节约传统调研中大量的人力、物力、财力和时间的耗费。网络市场调研省却了印刷调研问卷、派访问员进行访问、电话访问、留置问卷等工作;调研不会受到天气、交通、工作时间等的影响;调研过程中最繁重、最关键的信息收集和录入工作将分布到众多网上用户的终端上完成;信息检验和信息处理工作均由系统自动完成。所以,网络市场调研能够以最经济、便捷的手段完成调研工作。

(3)调研过程的交互性和充分性

网络的最大优势是交互性,这种交互性充分体现在农林产品网络市场调研中。网络市场调研某种程度上具有人员面访的优点，在网上调研时，被访问者可以及时就问卷相关的问题提出自己的看法和建议，减少因问卷设计不合理而导致的调研结论出现偏差等问题。在传统市场调研中，被访问者一般只能针对现有产品提出建议甚至是不满，对尚处于概念阶段的产品则难以涉足；而在网络市场调研中，消费者则有机会对从产品设计到定价和服务等一系列问题发表意见。这种双向互动的信息沟通方式提高了被访问者的参与度和积极性，更重要的是能使企业的营销决策有的放矢，从根本上提高消费者满意度。同时，网络市场调研又具有留置问卷或邮寄问卷的优点，被访问者有充分的时间进行思考，可以自由地在网上发表自己的看法。网络市场调研的这些优点形成了网络市场调研的交互性和充分性的特点。

（4）调研结果的可靠性和客观性

相比传统的市场调研，网络市场调研的结果比较可靠和客观，主要是基于以下原因：首先，企业网络站点的访问者一般都对企业产品有一定的兴趣，被调研者是在完全自愿的原则下参与调研，调研的针对性强；而传统市场调研中的拦截询问法，实质上是带有一定的"强制性"。其次，被调研者主动填写调研问卷，证明填写者一般对调查内容有一定的兴趣，回答问题就会相对认真，所以问卷填写可靠性高。最后，网络市场调研可以避免传统市场调研中人为因素干扰所导致的调查结论的偏差，因为被访问者是在完全独立思考的环境中接受调研，能最大限度地保证调研结果的客观性。

（5）调研信息的可检验性和可控制性

利用互联网进行网上调研，收集信息，可以有效地对采集信息的质量实施系统的检验和控制。首先，网上市场调研问卷可以附加全面规范的指标解释，有利于消除被访问者因对指标理解不清或调研员解释口径不一而造成的调研偏差；其次，问卷的复核检验由计算机依据设定的检验条件和控制措施自动实施，可以有效地保证对调研问卷进行100%的复核检验，保证检验与控制的客观公正性；最后，通过对被访问者的身份验证技术可以有效地防止信息采集过程中的舞弊行为。

3. 农林产品网络市场调研内容

政府相关部门要制定农林产业开发政策和规划，农林投资经营主体要以市场需求组织投资和生产经营活动。首先，必须掌握充分、适当的市场信息，包括反映和影响市场变化情况及其特征的各种消息、情报和资料等。随着经济全球化和区域经济一体化的深入发展，在全球范围内，农林产品主产区任何影响农林产品生产和供给因素的出现或变化，农林产品消费区任何影响农林产品消费因素的出现或变化，以及任何一个主要市场链环节发生变化，都会导致农林产品供给和需求的数量、质量和价格发生变化，这些方面的市场信息对于政府相关部门进行农林产业开发决策、农林投资经营活动决策是很有影响的。因此，从政府相关部门和农林投资经营主体进行产品市场调查与分析的范围来看，农林市场可具体划分为3个大的层次，即本地区市场、国内市场和国际市场。每个大的层次又可根据具体情况和需要划分为多个中层次或小层次市场，如国际市场可划分为区域国际市场和全球市场。从政府相关部门和农林投资经营主体进行产品市场调查与分析的内容构架来看，农林市场应包括农林产品的需求、供给和交易的市场链以及对需求、供给和市场链可能带来影响的各种相关因素。

(1) 市场需求调查与分析

市场需求调查与分析项目包括：反映市场需求状况的项目，即市场规模、进入市场的主要公司或社区(产区)、市场价格、市场特征、消费者的主要类型及购买习惯、市场的季节性波动；可能影响市场需求的主要因素，即可替代产品规模及趋势、宏观经济及相关行业影响、政府政策、社会和人口；市场需求预测分析项目，即市场发展趋势以及市场预测未来规模、未来最佳情况、未来最可能情况、未来最坏情况。

(2) 市场供给调查与分析

市场供给调查与分析项目包括：反映市场供给状况的因素，即可利用资源的规模、年产量、市场占有率、供给的季节性波动；可能影响市场供给的主要因素，即竞争力优势、技术、政府政策、环境和生态、社会和人口；市场供给预测分析项目，即未来供给趋势、未来最大供给情况、未来最可能供给情况、未来最低供给情况。

(3) 市场链调查与分析

市场链调查与分析主要包括产品从供给方到需求方所要经历的各经营(交易)环节以及每一个环节的价格增量(成本增量加利润增量)，如产品的收购环节、批发环节、出口环节、零售环节等。市场链调查与分析的目的是为正确、合理地做出农林产品价格决策提供充分依据。一件产品从生产者到消费者要经过若干环节，每一道环节都会有一定的成本和利润增量归集到商品总成本中，从而不断地增加商品价格。因此，每一道环节商品的售价等于本道环节商品初始成本(购进价格)加上本道环节经营成本(成本增量)，再加上本道环节经营利润(利润增量)。这一公式表达了商品价格的形成原理，根据此原理，生产经营者通过调查和分析商品最终价格、每一道环节的经营成本与合理利润，则可推算出出售该产(商)品的合理价格。市场链调查与分析所获取的信息有助于农林产品生产经营者在市场交易中获得公平的价格收入。

(4) 农林产品市场调查分析内容构架

农林产品市场调查分析内容构架包括区域范围和项目两个方面，并对它们做了大致的合理划分，适用于任何农林产品市场调查与分析，易于理解、操作简便、使用灵活。并且调查与分析的对象和项目设置全面、合理，充分考虑了与农林产业开发、农林投资经营决策的相关性和针对性。

农林产品市场调查包括方案调查和实地调查。方案调查应充分利用各种网上资料和数据、国际组织和各国政府机构的统计资料和数据、国内各级农林主管部门的统计资料和数据等，如果政府农林产品市场信息系统及预警机制已经构建，则会给调查和分析工作带来很大的便利；实地调查包括农林产品主要产区调查和主要市场调查。分析工作应采用定量分析与定性分析相结合的方法，注重趋势分析和对比分析方法的运用。

任务实施

1. 通过学校图书馆和互联网，查询近3年本地区农林产品市场调研相关文献。
2. 综合整理文献资料，撰写文献综述。
3. 团队讨论分析可选择的调研内容，确定本组调研内容，并形成方案。

4. 在班级内交流查阅的农林产品网络调研最新文献综述及完成的本地区农林产品网络调研内容。

任务 2-2　农林产品网络市场调研策划

任务目标

1. 了解农林产品网络市场调研的基本程序。
2. 熟悉文案调查法，了解实地调查法，熟练运用网络调查法。
3. 熟悉农林产品网络市场调研方案的主要内容。

工作任务

通过调研方案的设计过程认识网络调研的优势和劣势，掌握网络调研的程序和方法进行调研方案的筹划时，利用互联网搜集所需资料，并能够熟练运用调研的相关软件。

知识准备

1. 农林产品网络市场调研步骤

农林产品市场调研的程序包括方案设计，信息和数据收集、分析全过程。农林产品的市场调研方法有多种，但总流程是一致的，基本分为 4 个步骤：即确定调研的问题和调研目标、制订调研方案、实施调研及调研结果处理。

（1）确定调研的问题和调研目标

农林产品的市场调研是为了探寻市场营销活动中存在的问题，并寻求解决问题的方法和途径。因此，市场调研的第一步是进行情况初步分析，确定调查的问题和范畴，并提出调研目标。

初步分析应在掌握企业内外部相关资料的基础上进行，着重分析以下问题：
①企业当前面临的营销问题是什么？
②在众多影响营销的因素中，哪些应作为调研的重点？
③未来的市场如何变化？

在明确营销问题的基础上，提出希望通过市场调研来分析研究的问题，进而明确市场调研应达到什么目标。

调研目标可分为 3 类：一是试探性调研目标，即收集初步信息，分析问题的性质，从而提出推测或假设；二是描述性调查目标，即通过调研，对某一问题做一个详细的说明；三是因果性调查目标，即通过调研，检验推测和假设的正确性。

确定问题和调研目标往往是整个市场调研过程中最难的一步。正确地确定要调研的问题，明确调研的目标，可以大大节省用于调研的时间和费用。

（2）制订调研方案

农林产品市场调研的第二步是制订出有效的收集信息的计划，包括以下方面：

①选择收集资料的方法　市场调研的资料来源可分为原始资料和二手资料。原始资料又称一手资料，是指调研人员通过亲身实地调研所获取的资料。

②选择调研方法　调研方法是指搜集原始资料的具体方式和方法，包括问卷调研表的设计方式、实地调研的具体方法、调研资料的整理分析方法等。

③撰写调研方案　调研方案是指对调研的各项内容做出细致的安排，为市场调研提供行动纲要，包括调研的组织、调研的工作进度、调研的经费预算等内容。周密的调研方案可以保证市场调研工作正常、有序地开展。

(3) 实施调研

农林产品市场调研的第三步是实施调研，就是到现场实地收集资料。现场调研工作的好坏，直接影响到调研结果的正确性。大部分现场调研是由经过培训的调研员进行，有时研究者也会进行一些难度较大、研究问题较深的调研。在调研过程中，由于调研员、研究者或被调研对象的原因，经常出现非抽样误差，造成调研结果的准确性低。任何调研都无法避免非抽样误差，需要在现场实施过程中采取有效方法尽可能控制。在整个市场调研过程中，这一阶段是成本最高也是最容易出错的阶段。因此，调研人员应密切关注调研现场的情况，尽量避免类似于调研对象提供不诚实或有偏见的信息等现象出现，以保证调研的正确执行，从而提高调研结果的可信度。

(4) 处理调研结果

现场实施调研所获得的数据为初始数据，也称"生"数据，需要进行计算机处理。首先需要将问卷"生"数据录入计算机，然后进行逻辑检查获得"干净"的数据库，再通过数据分析软件对数据进行分析。

(5) 撰写调研报告

农林产品市场调研的最后一个步骤是在数据分析的基础上，形成分析报告。研究报告是客户获得调研结果的最主要形式，因而一个好的研究报告既要充分解决客户在调研初期提出的需求，还应适时加入市场研究人员的专业判断。报告完成后，报告结果的口头陈述是市场调研项目结果展示的另外一种形式，这种形式需要在报告的基础上进行内容提炼，并可以用图片辅助展示结果。

 案例

李子柒走红现象体现中国文化美

2016年是短视频创作的风口，短视频的内容主要以搞笑、娱乐、唱歌、心灵鸡汤等为主。李子柒的个人IP定位是"古风美食"。李子柒古风美食短视频的出现犹如一股清流，安然恬静，以乡土生活为场景，以古风形象为风格，以美食文化为载体，围绕衣食住行4个方面诠释了乡村真实、古朴的传统生活。差异化的定位、独特的个人形象、乡土的生活气息，形成了李子柒独特的个人标签，让李子柒吸粉无数。

"红纱遮面，眉心红印"，这是李子柒个人IP在短视频中给粉丝留下的深刻印象。李子柒所有与美食相关的短视频，都是以古装造型、古法工序、古朴工具的形式出现，借此建立起"乡村古风生活""传统美食""传统文化"的个人 IP 形象。这在短视频领域是独树一帜的。

李子柒视频中做菜的方法以及农作物收获后的采集都使用的是中国传统的方式，农情农事通过现代电子媒体手段传播，既体现了趣味、农家情怀又体现了优雅的中国风，不仅容易被关注，也有利于传播，使她成为美食博主和中国文化传播使者。

随着当今社会的不断发展，生活节奏的不断加快，很多人都面临着生活和工作上的双重压力。人们一方面承受着生活的负担，另一方面渴望着精神世界得到治愈。而李子柒的短视频就是主打慢节奏、与世隔绝的田园生活，以大自然的原声作为背景音乐，用最淳朴的手法烹饪美食，勾起了无数人对田园生活的向往。

如果你选择农林产品进行网络营销，应如何设计网络调研？借鉴李子柒短视频的标签特点，从哪些方面设计调研问题，明确消费者的偏好？

2. 农林产品网络市场调研方法

农林产品市场调研的方法有很多，可以分别运用文案调研法、实地调研法和网络调研法。在了解文案调研法和实地调研法的基础上，重点掌握农林产品的网络市场调研法。

（1）文案调研法

文案调研法又称资料查阅寻找法、间接调研法、资料分析法或室内研究法，是围绕某种目的对公开发表的各种信息、情报，进行收集、整理、分析研究的一种调研方法。

文案调研有以下特点：

①文案调研是收集已经加工过的文案，而不是对原始资料的搜集。

②文案调研以收集文献性信息为主，具体表现为收集各种文献资料。在我国，文案调研目前主要以收集印刷型文献资料为主。当代印刷型文献资料有许多新的特点，即数量急剧增加、分布十分广泛、内容重复交叉、质量良莠不齐等。

③文案调研所收集的资料包括动态和静态两个方面，尤其偏重于从动态角度收集各种反映调研对象变化的历史与现实资料。

（2）实地调研法

在实地现场调研中常用的调研方法可分为询问法、观察法、实验法和问卷法 4 类。

①询问法　是由调研人员以询问方式进行调研，从被调研者的回答中获取所需资料。常用的询问方式包括 4 种：

访谈调研：是调研人员通过走访被调研者，用事先拟定的调研提纲或调研问卷，当面向被调研者询问有关问题，以获得所需资料。根据被调研者人数的多少，访谈法可采用个别访谈和小组座谈等形式。

信函调研：是调研人员将所拟定的调研问卷邮寄给被调研者，请被调研者填写问卷后寄回，从而获取调研资料。

电话调研：是调研人员依照调研提纲或调研问卷，用电话与选定的被调研者交谈，从而获取调研资料。

网上调研：是调研人员将调研问卷放在网页上，由上网者自己填写，从而获取调研资料。

②观察法　是调研人员用自己的眼睛或借助于器材，在调研现场直接观察和记录被调

研者的行动，以获取所需调研资料。为了能够获得有用的信息，采用观察法调研时应遵循一定的调研程序，不能简单、盲目地进行。观察法的调研流程是：第一步，提出调研的目的及相应的被调研对象，设计好观察记录表格等；第二步，进行正式调研，可以是表格记录或仪器记录；第三步，对观察取得的资料进行整理分析，并提出观察结果。

常用的观察法记录技术有4种：

观察卡片：观察卡片或观察表的结构与调研问卷的结构基本相同，卡片上列出一些重要的能说明问题的项目，并列出每个项目中可能出现的各种情况。

速记：是指用一套简便易写的线段、圈点等符号系统地来表示文字，进行记录的方法。

头脑记忆：是指在观察调研中，采用事后追忆的方式进行记录，多用于调研时间急迫或不宜现场记录的情况。

机械记录：是指在观察调研中使用录音、录像、照相的相关仪器等进行记录。

观察法主要应用于观察消费者行为、观察消费者流量、观察产品使用现场、观察商店柜台及橱窗布置、观察交通流量。

③实验法 是调研人员根据调研的目的，选择一两个实验因素，将它们置于一定的市场条件下进行小规模的实验，通过对实验结果的分析来获取调研资料。

上述3种市场调研方法，在应用时应视调研的问题和调研目标而定。一般调研消费者的态度，可采用询问法；调研消费者的关注点，可采用观察法；调研某一营销因素对消费者的影响力度，可采用实验法。

④问卷法 调研者运用统一设计的问卷向被选取的调研对象了解情况或征询意见的调研方法。问卷调研，按照问卷填答者的不同，可分为自填式问卷调研和代填式问卷调研。其中，自填式问卷调研，按照问卷传递方式的不同，可分为报刊问卷调研、邮政问卷调研和送发问卷调研；代填式问卷调研，按照与被调研者交谈方式的不同，可分为访问问卷调研和电话问卷调研。

4种调研方法的优缺点及适用情况见表2-1所列。

表2-1 市场调研方法比较

调研方法		优点	缺点	适用情况
询问法	访谈调研	灵活；真实；深入	调研费用高；易受调研人员的影响	调研范围较小而调研项目较复杂的调研
	信函调研	调研区域广；调研费用低；被调研者回答问题时不受调研人员的影响，并且有充分的时间思考问题，答卷质量较高	问卷回收率较低；难以获取适合的邮寄名录，如回收率低，则调研人均成本高	调研范围较大和较复杂问题的调研
	电话调研	可在短时间内获取信息；对有些不便面谈的问题，在电话访谈中可能得到回答；对调研人员要求相对较低	难以与调研对象进行长久的联系，很难进行跟踪调研；调研时间不可能太长，难以询问比较复杂的问题；不是当面沟通，难以通过观察得到被调研对象的更多更深入信息	调研项目单一、问题相对简单且需要及时得到结果的调研
	网上调研	区域广，不受地域限制；真实	调研时间长；因经常上网的大多是年轻人，所以调研样本的代表性不全面	对一些较为流行、热门、敏感等问题的调研

(续)

调研方法	优点	缺点	适用情况
观察法	准确性较高；较为客观真实；时效性较高	一般只能获取被调研者的外部特征，无法观察到被调研者的态度、动机、成因等内在因素	广泛适用
实验法	调研方法较为科学，实验数据能真实地反映情况	会受当地当时市场条件的影响，实验结果缺乏纵向可比性	广泛适用
问卷法	省时省力；被调研者可以不受其他因素的影响，如实表达自己的意见；方便对调研结果进行定量研究	被调研者可能答案填写不清或拒绝回答；无法知道被调研者是否独立完成问卷及回答问题的环境，影响对问卷质量的判断	广泛适用

(3) 网络调研法

网络调研法是传统调研在新的信息传播媒体上的应用，是指在互联网上针对调研问题进行调研设计、收集资料及分析咨询等活动。与传统调研方法相类似，网络调研也分为对原始资料的调研和对二手资料的调研两种方式，即利用互联网直接进行问卷调研，收集第一手资料，称为网上直接调研；利用互联网的媒体功能，从互联网收集第二手资料，称为网上间接调研。

①网络调研程序　网络调研的程序与其他调研方法的程序相比有所不同，它的整个调研过程都在互联网的计算机上进行。

具体流程是：首先，在计算机上进行问卷设计并确定样本；其次，将问卷通过电子邮件等形式传递给被调研者，被调研者将问卷在计算机上填好后以同样的形式传递回来；最后，调研者在计算机上进行整理分析并报告结果。

②网上直接调研　按照调研方法不同，网上直接调研可以分为网上问卷调研法、网上实验法和网上观察法，常用的是网上问卷调研法。这种方法是将问卷在网上发布，被调研对象通过互联网完成问卷调研。

网上问卷调研一般有两种途径：一种是将问卷放置在网站上，等待访问者访问时主动填写。这种方式的优点是填写者一般是对此问卷内容感兴趣，缺点是无法核对问卷填写者真实情况以及无法纠正某些错误。另一种是通过 E-mail 方式将问卷发送给被调研者，被调研者完成填写后将结果通过 E-mail 返回。采用该方式时首先应争取被调研者的同意，或者估计被调研者不会反感，并向被调研者提供一定补偿，如有奖问答或赠送小礼物，以降低被调研者的拒访率。

③网上间接调研　主要利用互联网收集与企业营销相关的市场、竞争者、消费者以及宏观环境等信息。企业用得最多的网络调研法是网上间接调研，因为它的信息广泛，能够满足企业管理决策需要，而网上直接调研一般只适合于针对特定问题进行专项调研。

网上间接调研的资料来源主要有以下几种：第一，利用公告栏收集资料。公告栏的用途多种多样，一般可以作为留言板，也可以作为聊天(沙龙)、讨论的场所。利用网络论坛收集资料主要是到主题相关网络论坛网站进行资料收集。第二，利用 E-mail 收集资料。E-mail 是互联网中使用最广泛的通信方式之一，它不但费用低廉而且使用方便快捷，最受用户欢迎。目前许多企业都利用 E-mail 发布信息。第三，利用搜索引擎收集资料。第四，利用相关的网络数据库查找资料。网络数据库有付费和免费两种。在国外,市场调研使用的网络数据库一般都是付费的;我国的网络数据库业也已有较大的发展,日趋成熟。

④网络调研应用　网络调研法主要是利用相关网站进行市场调查研究。有些大型的公共网站建有网络调研服务系统,该系统是拥有数十万条有关企业和消费者记录的数据库,利用这些完整详细的信息资料,数据库可自动筛选被调查样本,为网络调研提供服务平台。

网络调研的应用领域十分广泛,主要集中在产品消费、广告效果、生活形态、社情民意、网上直播、产品市场供求等方面的市场调研。

3. 农林产品网络市场调研方案

(1) 市场调研方案主要内容

一个有效市场调研方案包含的主要内容有:要做的决策和要解决的问题、调研目标、信息范围、精度水平、调研方法、进度表、费用预算、质量问题等。市场调研方案主要包含以下部分:

①确定前言　前言就是方案的开头部分。前言应简明扼要地介绍整个调研项目的情况或背景、原因。

②确定调研目标　调研方案设计的第一步就是在背景分析的前提下确定市场调研目标,这是调研过程中关键的一步。目标不同调研的内容和范围就不同。如果目标不明确,就无法确定调研的对象、内容和方法等。

对于任何调研项目,调研者首先要清楚以下 3 个问题:一是客户为什么要进行调研,即调研的意义;二是客户想通过调研获得什么信息,即调研的内容;三是客户希望利用已获得的信息做什么,即通过调研所获得的信息能否解决客户所面临的问题。

③确定具体研究提纲　在调研研究目标提出的基础上明确具体研究提纲,也就是确定调研项目。在确定调研项目时,要注意以下几个方面的问题:第一,所有确定的调研项目应该是围绕调研目标进行的,为实现调研目标服务。多余项目的调研都是无用的调研,浪费人力、物力和财力。第二,调研项目的表达应该是清楚的。通过调研,能够获取答案。必要时,可以附上对调研项目的详细解释,以确保调研项目的明确性。第三,调研项目之间一般是相互联系的。调研项目有时可能存在着内在逻辑关系或相互的因果关系。所以,在调研项目中会先提出一些假设,并希望在今后的调研中得到进一步的验证。

④确定调研对象总体　确定调研对象总体即解决向谁调研的问题,这与调研目的是紧密联系在一起的。对于调研对象总体的选择,常常会从个人背景部分进行甄别。例如,根据调研题目所给定的对象范围,经常在年龄上对调研总体加以限制等。对于调研对象总体的限制,在问卷调研的甄别部分也明确给予界定。例如,在"中国大中城市老年人健康问题的调研"中,由于调研对象是老年人,调研对象年龄就可以限制在 65 岁以上。

⑤确定调研时间和拟定调研活动进度表　确定调研时间就是规定调研工作的开始时间和结束时间。拟定调研活动进度表主要考虑两方面的问题:一方面,考虑客户的时间要求以及信息的时效性;另一方面,考虑调研的难易程度以及在调研过程中可能出现的问题。

⑥确定调研方法　调研方法有面谈、电话访问、邮寄调研、留置调研、座谈会、网上调研等方法。具体采用何种调研方法,往往取决于调研对象和调研任务。选取样本的方法有很多,例如,按是否概率抽样可以分为随机抽样和非随机抽样。在随机抽样中有简单

随机抽样、系统抽样、分层抽样、分群抽样等方法可供选择；在非随机抽样中有判断抽样、方便抽样、配额抽样、滚雪球抽样等常用方法可供选择。选择不同的调研方法，调研结果会有所不同，有时会产生很大差别。

⑦调研经费预算　在调研方案设计中，应考虑经费预算，以保证调研项目在可能的财力、人力和时间要求下完成。在制订预算时，应当制订较为详细的工作项目费用计划。首先分析将要进行的调研活动的内容及阶段，然后估算每项活动所需费用，由此估算出该调研项目的总费用。费用项目具体如下：资料收集、复印费；问卷设计、印刷费；实地调研劳务费；数据输入、统计劳务费；计算机数据处理费；报告撰写费；打印装订费；组织管理费；税费等。根据若干市场调研方案可以总结一般的经费预算比例，即策划费20%，访问费40%，统计费30%，报告费10%。

⑧确定资料整理分析方法　对调研所取得资料进行研究分析，包括对资料进行分类、编号、分析、整理、汇总等一系列资料研究工作。

⑨确定报告提交方式　报告提交方式主要包括报告书的形式与份数，报告书的基本内容、原始数据、分析数据、演示文稿等。

⑩确定附件部分　附件部分要列出参加调研的人员名单，并可简要介绍团队成员的专长和分工情况。附件部分还应包括抽样方案的技术说明及细节说明，原始问卷及问卷设计中有关技术说明，数据处理方法、所用软件等方面的说明。

（2）市场调研方案撰写技巧

①调研目标陈述　这项内容实际上就是调研项目与主题的表述，在此部分，可以适当交代调查研究的来龙去脉，说明调研方案的局限性以及需要与委托方协商的内容。有时，这部分内容也放在前言。

②调研范围　为了确保调研范围与调研对象的准确、易于查找，在撰写调研方案的时候，调研范围一定要陈述具体、明确，界定准确，能够运用定量指标来表述的一定要量化，要说明调研的地域、调研的对象，解决"在何处""是何人"的问题。

③调研方法　为了顺利地完成市场调研任务，要对策划的调研方法进行精练准确的陈述，解决以何种方法进行调研、取得何种资料的问题。在具体撰写中，对被调研者的数量、调研频率（不管是一次性调研还是在一段时间内跟踪调研）、调研的具体方法、样本选取的方法等要进行详细的规定。

④调研时间安排　调研实践中，各阶段所占调研时间比重可以参照表2-2的分配办法酌情分配与安排。

表 2-2　调研时间安排表

调研阶段	所占时间比重(%)	调研阶段	所占时间比重(%)
调研目标确定	5	调研数据收集整理	40
调研方案设计	10	调研数据分析	10
调研方法确定	5	市场调研报告撰写	10
调研问卷制作	10	市场调研反馈	5
试调研	5	合计	100

⑤经费预算　一般市场调研经费大致包括资料费、专家访谈顾问费、专家访谈场地费、交通费、调研费、报告制作费、统计费、杂费、税费和管理费等。比重较大的几项费用为交通费、调研费、报告制作费、统计费，具体费用依调研的性质而定。另外，为保证问卷的回收量及被调研者的配合度，往往还要支付一定的礼品费，不过礼品的发放不能造成被调研者改变自己的态度，也不能影响调研结果的可信度。

⑥制订调研的组织计划　调研的组织计划是指为了确保调研工作的实施而制订的具体的人力资源配置计划，主要包括调研的项目负责人，调研机构的设置，调研员的选择培训，项目研究小组的组织分工，每个成员的知识背景、经历、特长等。企业委托外部市场调研机构进行市场调研时，还应对双方的责任人、联系人、联系方式做出介绍。

(3) 市场调研方案一般格式

设计调研方案时一般不只设计一种，而将每一种设计方案都写出来，并在今后加以讨论、评价和筛选。调研方案一般要提供给客户保存，作为今后的检查依据，所以在撰写调研报告时要有一定的格式。一个完整的市场调研方案通常包括以下内容：

①引言　概述方案要点，介绍项目概况。

②调查背景　描述与市场调研问题相关的背景。

③调研目的和意义　描述调研项目要达到的目标，以及调研项目完成后产生的现实意义等。

④调研内容和范围　列出调研需采集的信息资料内容，设定调研对象的范围。

⑤调研方式和方法　说明收集资料的类别与方式，调研采用的方法，问卷的类型、时间长度、平均调研时间，实施问卷的方法等。

⑥资料分析及结果提供形式　包括资料分析的方法、分析结果的表达形式、是否有阶段性成果的报告，以及最终报告的形式等。

⑦调研进度安排和有关经费预算。

⑧附件　包括设计的问卷、调研表等。

任务实施

1. 通过搜索引擎和相关网站的间接调研，对本省农林产品营销情况进行调研；利用社交软件、工作和学校网站论坛进行直接调研，收集本省农林产品营销情况。

2. 根据调研资料的分析，每个小组选择一种农林产品作为网络调研对象。

3. 按照网络市场调研方案的一般格式，制订调研方案，方案中要合理设计利用网上直接调研和网上间接调研的方法。

4. 各团队进行组间交流，并进行小组互评。

任务2-3　农林产品网络市场调研技巧

任务目标

1. 熟悉网络市场调研问卷设计的技巧。

2. 了解网络市场调研中可能出现的困难。
3. 了解网络市场调研可以采用的策略。
4. 熟悉网络市场调研报告的一般格式。

工作任务

通过网络市场调研问卷的设计，熟练掌握问卷设计的技巧，运用恰当的方法进行网络市场调研，深刻理解网络市场调研存在的问题和应对策略，并形成网络市场调研报告。

知识准备

1. 农林产品网络市场调研问卷的设计

没有市场调研就没有市场。互联网是一个具有高效、快速、资源共享等特点的信息传播媒介。网络市场调研能够及时反映社会需求，所以网络市场调研是网络营销链中的重要环节。而网络市场调研的重要工具是调研问卷，调研问卷的设计质量直接影响调研结果的可靠性，从而决定了企业产品是否能成功销售。农林产品的网络市场调研和其他产品一样，在调研问卷的设计中应注意以下问题。

（1）网络市场调研问卷设计

①含义和基本功能　调研问卷是由一系列问题组成的，这些问题凝结着设计人员大量的智慧和汗水。调研问卷是按一定项目和次序系统记载调研内容的表格，是完成调研任务的一种重要工具，也是进行调研的具体依据。采用调研问卷的形式进行调研，可以使调研内容标准化和系统化，便于资料的收集和处理。调研问卷又具有形式短小、内容简明、应用灵活等优点，所以在网络市场调研中非常重要。

调研问卷的基本功能是作为提问、记录和编码的工具，从而获得第一手的资料。具体来说，调研问卷的基本功能体现在以下几个方面：一是将所需信息转化为被调研者可以回答并愿意回答的一系列具体问题；二是引导被调研者参与并完成调研，减少由被调研者引起的计量误差；三是使调研人员的提问标准化，减少由调研人员引起的调研误差；四是用来记录受访者的回答。

网络市场调研问卷设计的基本要求是，能从形式和内容两个方面同时取胜。形式上看，要求版面整齐、美观，便于阅读和作答，这是总体上的要求。具体的版式设计、版面风格与版面要求，这里暂不陈述。内容上看，一份好的问卷调研表至少应该满足以下几方面的要求：明确正确的政治方向，把握正确的舆论导向，注意对群众可能造成的影响；问题具体、表述清楚、重点突出、整体结构好；能够完成调研任务与目的；便于统计整理。

②基本原则

目的明确：调研问卷设计要紧扣调研目的，从实际出发进行拟题，重点突出，避免可有可无的问题，并把重要的主题分解为更为详细的内容。指标体系设计得好，就很容易达到这个要求。

简明易懂：调研问卷设计用词要简单明了，表述准确，使应答者一目了然，并愿如实回答。尽量避免使用专业术语，敏感性问题的提问要有技巧性。

逻辑清楚：调研问卷设计要有整体感，即问题与问题之间要具有逻辑性，使问卷成为一个相对完善的系统。问卷设计中要注意问题的逻辑顺序，如主次顺序、相关问题的先后顺序、类别顺序的合理排列。在问卷设计中，一般可以这样设计问题：先易后难、先简后繁、先具体后抽象。只有这样才能使调研人员顺利发问，方便记录，并确保所取得的信息资料正确无误。

便于接受：调研问卷设计中，应注意以下方面，一是问卷的说明词要亲切、温和，同时要保证为被调研者保密，以消除其心理压力和障碍，使被调研者自愿参与并回答问题；二是问题提问要自然、有礼貌，尽量少用专业术语，不使用生僻和模棱两可的词语，避免列入一些令被调研者难堪或反感的问题，如宗教信仰、种族等，以便于被调研者理解和接受。

便于整理分析：调研问卷设计除了要考虑紧密结合调研主题与方便信息收集外，还要考虑调研结果是否容易得出及其说服力，这就对问卷的整理与分析工作提出要求。例如，要求调研指标是能够累加和便于累加的、统计指标的累计与相对数的计算是有意义的、能够通过数据清楚明了地说明所要调研的问题等。

一个成功的问卷设计应该具备两个功能：一是能将所要调研的问题明确地传达给被调研者；二是设法取得对方合作，并取得真实、准确的答案。但在实际调研中，由于被调研者的个性不同，而且他们的教育水准、理解能力、道德标准、宗教信仰、生活习惯、职业和家庭背景等都具有较大差异，加上调研者本身的专业知识与技能高低不同，都会给调研工作带来困难，并影响调研的结果。具体表现为以下几方面：

第一，被调研者不了解或是误解问题的含义，不是无法回答就是答非所问。

第二，被调研者虽了解问题的含义并愿意回答，但是自己记忆不清应有的答案。

第三，被调研者了解问题的含义也具备回答的条件，但不愿意回答，即拒绝回答。

（2）网络市场调研问卷基本结构

调研问卷通常由标题、封面语、指导语、调研内容、编码和调研记录组成。其中，调研内容是问卷的核心部分，是每一份问卷都必不可少的内容，而其他部分则可根据设计者需要进行取舍。

①标题　是对调研主题的大致说明。标题要醒目、吸引人，最好直接点明主题和内容。标题就是让被调研者对所要回答的问题事先有一个大致的印象，能够唤起被调研者积极参与调研的兴趣。如麦当劳外卖市场需求状况调研、2019年北京房地产市场消费状况调研等。

②封面语　封面语的作用是向被调研者解释和说明调研目的以及有关事项，以争取被调研者的信任，获得积极的支持和配合。封面语的语言要简明，篇幅不要太长，以两三百字为宜，用以说明和解释有关调研的相关情况。在封面语中，一般需要说明以下内容：

主办调研的单位、组织或个人身份：即调研者是谁。调研者的身份既可以在封面语中直接说明，如"我们是山西农林职业技术学院的学生，为了……"；也可以在落款中说明，如"山西农林职业技术学院经济贸易系××调研组"。调研者的身份写得越清楚越好，最好同时附上调研单位的地址、邮政编码、电话号码、联系人姓名等，以体现调研的正式性和有组织性，打消被调研者的疑虑，争取被调研者的信任和合作。

调研的内容：即调研什么。调研内容的说明要体现一致性和概括性。一致性是指封面语中介绍的调研内容要与实际调研内容相同，不能含糊其词甚至欺骗被调研者；概括性则是指不要过分详细地在封面语中阐述调研的具体内容，一句话概括指出调研内容的大致范围，如"我们正在我院学生中进行抽烟问题的调研"或者"我们这次调研主要想了解我院学生对垃圾分类的看法"等。

调研的目的和重要性：即调研原因。这是封面语中一项非常重要的内容。目的叙述需合理、得当，有利于调动被调研者配合的积极性，并且要尽可能说明调研对整个社会、普通大众的现实意义。如"我们这次调研的目的，是要了解学生在借阅图书中遇到的问题，以便为解决图书借阅问题提供依据，进一步改善和提高图书借阅使用效率"。

保密措施：强调调研结果的保密性，减缓和消除被调研者的疑虑和戒心，激发被调研者参与调研的意愿，如"本调研以不记名的方式进行，我们将依据国家统计法对统计资料保密"。

其他说明：如说明调研对象的积极配合对调研质量的作用。说明的语气要诚恳。

除以上内容外，通常还要把对被调研者的真诚感谢写入封面语。

调研问卷封面语示例

尊敬的女士/先生：

您好！

我是山西××职业技术学院市场营销专业调研组成员。目前，我们正在进行一项有关太原市郊区旅游需求状况的问卷调研，希望从您这里得到有关消费者对郊区旅游需求方面的市场信息，请您协助我们做好这次调研。本问卷不记名，回答无对错之分，我们对于您所提供的所有信息将严格保密。

下面我们列出一些问题，请在符合您情况的项目旁的"（　　）"内打"√"。

占用了您的宝贵时间，向您致以诚挚的谢意！

××调研小组

---

③指导语　是用来提示被调研者如何正确填写问卷或指导被调研者正确完成问卷调研工作的解释和说明。

有些问卷的填答比较简单，指导语常常在封面语中用一两句话说明即可。例如，回答问题时，请您在所选的答案序号上画"√"或在"（　　）"处填写您的答案。

除封面语中的指导语外，最常使用的是卷头指导语和卷中指导语。卷头指导语一般集中在封面语之后、正式调研问题之前，以"填答说明"的形式出现，其作用是对填表的方法、要求、注意事项做总的说明。卷中指导语是针对某些比较复杂的调研问题的特定指示，对填答要求、方式、方法进行说明。例如，"可选多个答案"；"请按重要程度排列"；"如果不是，请跳过5~10题，直接从11题开始回答"；"家庭人均收入指全家人的总收入除以全家的人数"等。只要有可能成为被调研者填答问卷障碍的地方，都要给予被调研者清楚的指导。

④调研内容　问卷的调研内容主要包括各类问题、问题的回答方式，这是调研问卷的主体，也是问卷设计的核心内容。这部分内容设计的好坏关系到整个调研问卷的成败，也关系到调研者能否很好地完成信息资料收集，实现调研目标。

问题从形式上分为开放式、封闭式和混合式三大类。其中，开放式问题是只提出问题，不为回答者提供具体答案，由回答者自由回答的问题。例如，"您对车辆限行有什么看法？""您喜欢哪类手机功能？"等。开放式问题的优点是不限制回答者的思想，允许回答者按自己的想法发表意见，所得的资料灵活丰富；缺点是答案不标准化，不便于资料汇总、统计和分析，难以进行量化处理。

(3)网络市场调研应注意的问题

在网上做市场调研时应注意以下问题：

一是网上调研的内容是否合适。网上调研面向广大网民群体，不同的产品要有不同的调研方法及内容。农林产品进行网络市场调研问卷设计时，可配以产品图片使被调研者有直观认识。二是网上调研的对象是否合适。网上调研要看具体的调研项目和被调研者的群体定位，而且调研的网民要有一定的规模。三是样本分布是否均衡。样本分布不均衡可能造成调研结果的误差，所以在进行市场调研时要对调研的网络用户有一定的了解。四是调研质量监控。为了避免一个网民填写多份问卷。应该设置一些口令或其他方式进行监控。五是是否合理答谢被调研者。在网上调研过程中，加入适当的奖品既有利于吸引更多的网民来参与，又有利于下次调研。六是公布保护个人信息声明。在问卷说明处，要强调调研结果与个人信息的保密性，减缓和消除被调研者的疑虑和戒心，激发被调研者参与调研的意愿。

2. 农林产品网络市场调研策略

(1)3种农林产品网络市场调研策略

①通过电子邮件或来客登记簿获得市场信息　电子邮件和来客登记簿是在互联网上企业与顾客交流的重要工具和手段。电子邮件可以附有HTML表单，访问者可在表单界面上点击相关主题并且填写附有收件人电子邮箱的有关信息，然后发送给企业。来客登记簿是让访问者填写并发送给企业的表单。通过电子邮件和来客登记簿，不仅可以使所有顾客读到并了解企业的情况，而且也可以帮助市场营销调研人员获得相关的市场地址。例如，在确定访问者的邮编后，就可以知道访问者所在的省市等；对访问者回复的信息进行分类统计，就可以进一步对市场进行细分，而市场细分是企业制订营销策略的重要依据之一。

②科学地设计网络调研问卷　一个成功的网络调研问卷应具备两个功能：一是能通过网络将所调研的问题明确地传达给访问者；二是设法取得对方的合作，使被调研者能给予真实、准确地回复。这就要求问卷设计者认真编写问卷。拟定问卷主题后，要对本次调研做简要介绍；同时，要合理设计问卷长度、问题项目及回答项目。网络调研问卷应有一段结束语，并附上问卷设计者和赞助机构的联络方式。

③提高被调研者参与调研的积极性　给被调研者一定的奖励以激发其参与调研的积极性。提供奖励可以提高问卷的回收率，主要可以采取物质奖励和向被调研者提供调研结果两种方式。物质奖励可以采用提供线上折扣券、小礼物和抽奖等形式。提高被调研者积极

性的技巧有以下两方面：

一是给被调研者安全的保证。互联网是一个公开的网络，"网络黑客"能轻松闯入并拿走他们想要的东西，因此安全是网络调研的一个十分重要的关键问题。企业应当加强安全措施，采用一些最新的防黑技术，这就需要企业和用户投入一些时间和资金。同时，企业也应当向用户提供保证，以便被调研者放心地把自己的个人资料透漏给公司。

二是强调调研的重要性。当收到 E-mail 问卷时，许多用户一看是调研便马上丢到"垃圾箱"里，因此我们一定要在问卷的开始处强调调研的重要性，强调本问卷对公司和用户都有至关重要的作用。使被调研者感到自己肩负重任、具有成就感，对被调研者参与调研的积极性有推动作用。

在网络上建立情感的纽带。企业市场调研人员为了与访问者建立较深入的联系，可以在企业网站上不仅展示产品的图片、文字等，还有针对性地提供公众感兴趣的时装、音乐、电影、家庭等有关话题，以大量有价值的与企业产品相辅相成的内容，促使访问者乐于告诉你有关个人的真实情况，这样调研人员可以逐步与访问者在网上建立联系，达到网上市场调研的目的。

(2)农林产品网络市场调研存在问题及对策

①存在问题

网络的安全性问题：利用网络进行调研，首先要注意网络安全问题。近几年，网络安全形势日益严峻，黑客攻击、恶意软件侵扰、利用计算机犯罪、隐私泄露等，对信息安全构成了极大威胁。我国政府高度重视网络安全，陆续发布《中华人民共和国网络安全法》《关键信息基础设施安全保护条例》《中华人民共和国数据安全法》《中华人民共和国个人信息保护法》等一系列针对网络安全的法律法规及政策文件，做出了一系列重大部署，突出网络安全防护要点，落实安全责任，强化网络安全保护。在农林产品网络市场调研中，我们要遵照相关法律法规，在保证网络信息的基础上开展调研工作。

企业和消费者对网络调研缺乏认识和了解：我国国内企业对市场调研，特别是对网络市场调研技术还相当陌生。消费者作为重要的调研对象，他们对市场调研和网络技术的不理解、不信任直接影响着网络调研的实际运用效果。

网络调研技术有待完善、专业人员匮乏：目前，我国网络调研仍处于发展阶段，现有网络调研专用技术的欠缺导致调研流程不畅。尽管网络调研的专门研究单位和专业软件迅猛发展，但仍有不尽如人意的地方。虽然企业拥有一些优秀的网络技术人员和市场调研人员，但能熟练地运用网络技术、调研实践经验强的专业网络人员还相当缺乏，给网络调研技术的实际运用带来很大难度。

拒访：我国的网络普及率在 2021 年已经达到 73%，但是拒访的现象大量存在。在市场调研中，由于人际信任、自我保护意识等多种原因，人们倾向于更多地拒绝接受访问。尤其在网络调研中，人们的警惕性更高，拒访率也相应增加，不少被调研者会出于各种原因而拒绝参加网上调研活动。拒访率的高居不下，将造成样本的流失，影响调研结果的可靠性。

②应对策略

应用大数据积极开展网络调研：由于高质量的样本库会以几十种以上的分类方式对固

定样本进行分类，对于样本要求复杂的跨国项目、高端产品项目以及 B2B 项目，网络调研方式可以在极短时间内筛选出符合条件的样本群并迅速完成项目执行。与传统调研方式比较，网络调研方式可以大大缩短项目执行周期，从而使调研项目的时间成本大幅降低。在这个意义上，网络调研是一种通过提高工作效率、缩短项目执行周期以实现项目整体成本（包括经济及时间成本）下降的工具。

此外，网络调研的普及所产生的规模效应将使各种固定成本随之下降，如在农林产品国际贸易过程中，网络调研的即时性从根本上解决了跨国调研执行中的协调问题。所以，应大力普及互联网，催生网络调研的经济效应。

快速剔除垃圾信息，尽量避免信息过载：可以采用开发更多的 MIS 软件把数据处理成更准确、对决策者有用的信息；可以开发更强大的智能检索工具；还可以开发能够"学习"用户好恶的智能软件，并使越来越多的用户使用这些软件。

利用新技术：通过 5G 技术增强移动宽带，利用现代移动通信技术手段，开展多种形式的网络调研，如微信、QQ、手机 APP 等形式。可以预见，随着 5G 技术的广泛应用，网络视频调研在未来也是可以轻松进行的。

积极打造互联网诚信度：调研者需要向受访者更明确地保证匿名原则，并更详细地解释收集数据的目的。在线安全交易技术的改进将有助于解决这一问题。由于所有的调研都将遵循隐私权的原则，网上调研将更加开放和可信。

控制被访者和问卷填报质量：首先，最好不要采用配额抽样。网络调研和其他调研方式一样，一定要坚持随机抽样的原则。其次，控制答题者。我们无法 100%保证填写问卷的人是我们想要调研的人。但是当我们把邀请发到指定信箱时就假定是他本人接到了邀请并且答题。当然，所有的 DEMO 问题和 SCREENER 在问卷中还要再询问一遍，以保证答题者符合条件。

总之，在农林产品网络市场调研的发展过程中，必然伴随着各种问题的出现，同时也会有各种技术解决出现的问题。因此，我们要有敏锐的发现问题的能力，才能及时有针对性地提出解决的方法和策略。

3. 农林产品网络市场调研报告撰写

（1）农林产品网络市场调研报告认知

①市场调研报告作用　市场调研的最后一步就是把调研成果整理成报告。市场调研报告是记录调研结果的应用文本，之前的问卷设计和资料的收集、编辑都是为了最后能写出一份高质量的市场调研报告。简单来讲，市场调研报告就是市场调研工作的最终成果，从确定调研目标、制订调研方案到实施调研收集资料，经过整理分析后形成阶段性结论，并在去粗取精的基础上形成总体结论，其作用一般有以下三方面：

首先，市场调研报告是市场调研中收集到的信息整理分析后的表现形式，它通过文字、图表等形式表现出来，使人们对所调研的市场现象或问题有系统性的了解和认识。

其次，市场调研报告是委托方希望获取的结果。一般情况下，市场调研的委托方对调研项目最为关心的就是调研报告。从某种意义上讲，项目委托方提出项目的直接目的就是获得满意的市场调研报告，作为经营决策有价值的参考。

最后，市场调研报告是市场调研质量的标志。尽管市场调研策划所采用的方法、技术、组织过程、资料处理等是衡量市场调研质量的重要方面，但市场调研报告无疑是最重要的方面。

②市场调研报告特点　市场调研报告是调研活动的有形产品。一项市场调研项目完成后，调研报告就成为该项目的少数历史记录和证据之一。作为历史资料，调研报告还有可能被重复使用，从而大大提高其存在的价值。因此，需要明确市场调研报告的特点。市场调研报告的特点包括：

针对性：市场调研报告的针对性包括选题上的针对性和阅读对象的针对性。选题上的针对性要求市场调研报告必须要有明确的目的，有的放矢地围绕主题展开论述；阅读对象的针对性是指根据阅读对象的要求和关心的问题进行撰写。

科学性：市场调研报告的撰写首先是建立在科学收集和整理资料的基础上，同时要用科学的分析方法得出科学的结论、适用的经验和教训以及解决问题的方法，使阅读者能感受到调研人员对整个调研项目的重视程度和对调研质量的控制程度。

时效性：调研活动与调研报告的出具必须具有时效性，市场调研活动滞后，原定的调研目的就会失去其意义；调研报告出具拖延，会使其本应具有的决策参考价值丧失。

新颖性：市场调研报告应从全新的视角去发现问题，用全新的观点去分析问题，还要能紧紧抓住市场活动的新动向、新问题等，提出新的观点。

可读性：市场调研报告要观点鲜明、突出，结构紧凑、逻辑严谨，内容组织安排合理有序，通俗易懂。

(2) 农林产品网络市场调研报告结构与内容

市场调研报告没有统一的形式规范，不同的作者对此有不同的设计。为了能将信息及时、准确和简洁地传递给受众，在报告的结构安排和写作手法上要有一个大致的标准，开头部分、主体部分和附录等部分都是不可缺少的组成部分。

①农林产品市场调研报告结构　市场调研报告的结构、内容以及风格在很大程度上取决于调研的性质，项目的特点，撰写人和参与者的性格、背景、专长和责任。一个标准的调研报告应有相对固定的结构和组成内容，即包括介绍、正文和附件三大部分，各个部分又各有章节、细目。

介绍部分：是向读者说明调研报告主要内容的部分，对于不需要深入研究调研报告的人员来说，阅读介绍部分即可以了解到调研的概况。介绍部分也起到了深入阅读全文的提示作用，提供了检索方法。调研报告的介绍部分应包括封面、目录、摘要、调研概况和主要结论。

正文部分：是调研报告的核心部分，一般由开头、主体和结束语三部分组成。正文部分是调研报告的主要内容，也是表现调研报告的主体部分。这一部分写得如何直接决定调研报告的质量高低和作用大小。正文部分要客观、全面阐述市场调研所获得的材料、数据，用其说明有关问题，得出相关结论，并对有些问题、现象要做深入分析和评论。正文部分应行文严谨、规范，不必追求华丽辞藻，与其他公文文体不同，调研报告应当对所有调研中获得的数据进行反映。

附件部分：是与调研过程有关的各种资料的总和，这部分内容在正文中包含不了或者没有提及，但与正文有关且必须附加说明。附件部分是对正文报告的补充或更详尽的说明，主要包括调研方案、抽样技术方案、调研问卷、数据整理表格、数据分析表格和其他支持性材料。

②农林产品市场调研报告内容　一般包括以下内容：封面、摘要、目录、引言、调研技术与样本描述、结论与建议、附件等。

封面：这部分包括项目的名称（标题），调研单位名称、地址、电话号码、网址和 E-mail，报告接收人或组织，报告提出日期等。封面是书面文件的"第一印象"，市场调研报告要通过精心设计的封面，体现调研所涉及的领域、主题，展现出专业形象，从而引发阅读者的兴趣和好奇心。报告标题要简洁明了、高度概括，标题内容要清楚地说明是关于什么的报告。如果属于机密，要在报告封面的某处予以注明，同时要标明档案号或成果号，以方便管理或查阅。标题的写法一般有下列 3 种方式，见表 2-3 所列。

2022 年山西小杂粮消费情况调研报告

调研单位＿＿＿＿＿＿＿＿＿＿＿
通信地址＿＿＿＿＿＿＿＿＿＿＿

表 2-3　调研报告标题的写法

标题写法	举例说明	优缺点
直叙式标题：反映调研意向或指出调研对象、调研地点的标题	2022 年山西小杂粮消费情况调研报告	优点：简明扼要，比较客观 缺点：缺乏吸引力，略显呆板
总结式标题：即表明观点式标题，直接阐述作者的观点、看法，或对事物做出判断、评价的标题	小杂粮日益畅销、居民保健意识增强	优点：表明了态度、揭示了主题，有一定的趣味性 缺点：一般需要加副标题才能将调研对象和内容表达清楚
提问式标题：以设问句或反问句作为标题，报告的内容就是回答这个问题	为什么农林产品市场具有不确定性？3 月花卉市场价格为什么居高不下？	优点：具有焦点性和尖锐性，吸引力强 缺点：需要加总结归纳性数字或时间标识语，来明确调研报告的内容

摘要：这部分概括地说明调研活动所获得的主要成果。摘要撰写具体包括 4 个方面的内容：简要说明调研目的；介绍调研对象和内容；概括说明调研研究方法；简明阐述调研结论与建议。从内容上，摘要应做到清楚、简洁和高度概括；从语言文字上，应该做到通俗、精炼，尽量避免生僻字的使用，或者过于专业性和技术性的术语。摘要一般在完成报告后再进行撰写。

目录：市场调研报告的目录是为了方便读者了解报告结构和资料查询，目录应尽可能详细，但为了方便阅读，整个目录的篇幅不宜过长，以一页为宜。另外，可将图表、附

录、索引单独编制一页目录,做法和前面的目录相似,列出图表号、名称及在报告中所在的页码。例如:

目 录

一、摘要 …………………………………………………………………………	1
二、调研概况 ………………………………………………………………………	3
1. 研究背景及目的 ……………………………………………………………	3
2. 研究方法 ……………………………………………………………………	6
三、研究方法 ………………………………………………………………………	8
四、调研结果分析 …………………………………………………………………	10
1. ×××××× …………………………………………………………………	11
2. ×××××× …………………………………………………………………	14
五、结论与建议 ……………………………………………………………………	32
附录一 ××××调研问卷 ………………………………………………	34
附录二 ××××调研问卷原始统计数据 ………………………………	37

引言:也叫序言,是书面报告正文的开始。引言的作用是简述调研目标和具体调研问题,说明问题的性质,并对报告的组织结构进行概述。阅读者能通过引言了解该项市场调研的大致原因和需要解决的问题、必要性和重要性。引言部分的内容在报告的其他部分可能会重复出现并详细阐述,因此编写时要注意详略得当,尽可能高度概括。

调研技术与样本描述:这部分应在对整体方案概括的基础上,对调研实施中所采用的方法及样本抽取过程进行翔实、客观和公正的记录。具体内容包括调研所需信息的性质、原始资料和二手资料的收集方法、问卷设计、标尺技术、问卷的预检验和修正技术、抽样技术、信息的收集整理和分析、应采用的统计技术以及缺省值的处理方法等。这部分的描述应当用非专业、易理解的文字,使阅读者能迅速正确的理解,而将非常专业的内容放在附录中。

调研结论与建议:结论与建议是阅读者最为关注的部分。这部分是根据调研结果得出结论,结合企业或客户情况提出其所面临的困难与优势,说明应采取的措施即提出解决方法。结论和建议的表现形式一般有以下几种:一是综合说明调研报告的主要观点,深化报告主题;二是在使用科学分析方法进行深入细致分析真实资料的基础上,得出报告结论;三是通过分析,形成对事物的看法,并提出建议或可行性方案;四是通过调研分析对未来前景进行展望。

(3)农林产品网络市场调研报告撰写技巧

写好一份市场调研报告除做好撰写前的准备工作之外,还需要掌握一定的写作技巧。

①农林产品网络市场调研报告撰写前准备 首先,在报告正式撰写前,调研人员应当主动访问项目委托人,了解他们对调研报告的建议和想法。例如,委托人希望的报告形式是什么?他们想通过阅读报告获得哪些信息?他们最想得到的结论是哪方面的?掌握了这些信息,在撰写报告时才能尽量满足委托人的意愿,做到对于委托人关心的问题重点叙

述，并不会遗忘有关内容；对于委托人不想看到的结论，调研人员要采取谨慎的态度，既不可不叙述也不能过激叙述，做到适度。

其次，报告是为特定的读者撰写的，撰写时要考虑到读者的专业背景和对项目的兴趣以及阅读情况和使用情况，一般情况下，市场调研报告的读者是要应用这些调研结果的市场经理及相关人士。报告中，要避免使用太专业化的术语，对于确实无法避免使用的专业术语，应在附录部分单独进行注解。

最后，数据的分析和描述是为撰写调研报告和汇报会做准备。一项调研所得的数据常常会有几页甚至上百页之多，不需要将如此大量的数据纳入调研报告中，应先对大量数据进行分析，从中筛选出足以说明想要了解的问题的数据，并用一定的方法对其进行描述即可。

②农林产品网络市场调研报告撰写技巧

叙述技巧：在市场调研报告的开头，主要运用叙述方式进行摘要、引言、调研目的、调研过程和结果的阐述。另外，主体部分还要叙述调研资料取得的情况。常用的叙述技巧有概括叙述、按时间顺序叙述、省略叙述主体。

说明技巧：一般用到的说明技巧有数字说明、图表说明、分类说明、对比说明和举例说明等。

议论技巧：常用到的议论技巧有归纳论证和局部论证。归纳论证是指市场调研报告在拥有大量材料之后进行分析研究，得出结论，从而形成论点的过程。这一过程主要运用议论方式，所得结论是从具体事实中归纳出来的。局部论证是指市场调研报告不同于议论文，不可能全篇论证，只是在情况分析、对未来预测中做局部论证。例如，对市场情况从几个方面做分析，每一个方面形成一个论证过程，用数据等资料作为论据去证明其结论。

语言运用技巧：语言运用需要注意以下几个方面，第一，市场调研离不开数字，很多问题要用数字说明。因而，在引用数字时要准确无误、客观、真实，不能随意篡改。第二，合理使用专业术语。为使语言表达准确，撰写者还需熟悉市场有关的专业术语。第三，在行文时少用"我认为""我的意见"等第一人称的写法，这样会使使用者感到不是用事实在说话，而是撰写人的意图，一般应用"调研表明""笔者认为"等词语。第四，要依据事实下结论，不要使用一些似是而非的词，从而使概念模糊不清，如"也许""可能"等。

知识链接

调研报告中数字的运用

①公历世纪、年代、年、月、日和时间应使用阿拉伯数字，如20世纪90年代，1991年6月。星期几则一律用汉字。年份一般不用简写，如"1989年"不能写为"89年"。

②记数与计量应使用阿拉伯数字，如100~250、1/16、25%等。注意，不具有统计意义的数字中的一位数可以用汉字，如一个人、九本书等。

③数字构成的词、词组、惯用语或具有修辞色彩的语句应当用汉字，"十四五"规划等。

表格表现技巧：表格作为描述性统计方法，以直观、清晰、形象等特点广泛应用于报告中。在应用表格时应当注意：表格应使用简明扼要的标题及清楚正确的表号；对于表格中的各种数字单位，应给出必要的说明和标注；表格中的数字、位数应对齐，必要时需有合计数；应说明数据来源，特别是二手数据。

图形表现技巧：图形广泛应用在报告中，起到清楚、形象、直观、美观和富有吸引力的作用，可以帮助客户理解报告的内容。常用的图形有直方图、条形图、饼形图、折线图等。制图时应注意：图形要标明标题和图号、图形的位置恰当、图形的颜色和纹理选择有一定的逻辑性、图形的排列符合人们的视觉习惯、图形的数据来源要说明清楚。

③撰写市场调研报告注意事项　好的市场调研报告不仅显示了调研的质量，也反映了作者本身的知识水平和文字素养。在撰写调研报告时，主要注意以下几个方面：

第一，要做到通俗易懂。由于市场调研报告是给决策者做参考使用的，所以应使用简短、清楚的语句将所分析的事项阐述清楚，切忌使用不当的华丽词语。

第二，篇幅要适当。调研报告常见的一个错误观点是认为"篇幅越长，质量越高"。实际上，对于篇幅冗长、复杂的调研报告，使用者往往难以把握重点而易产生反感的心理。篇幅并不代表质量，只有让报告使用者满意的报告才是高质量的报告，所以，撰写市场调研报告要力求简明扼要、重点突出。

第三，避免只列图表不做解释。在用图表说明某一调研问题时，要对图表进行简要、准确的解释。如果只将图表展示出来而不做解释，使用者不能快速了解图表所要说明的问题，也可能会对这些图表产生怀疑，进而影响报告本身的可信度。

第四，要实事求是，尊重客观事实。市场调研报告的内容必须真实、准确，这就要求市场调研报告所使用的信息资料必须符合客观实际，撰写者不能为了迎合委托方的需求，故意篡改或删除数据。同时要注意信息资料的全面性，避免因结论和建议的片面性对决策者产生误导。

第五，报告中引用他人的资料，应加以详细注释。这一点是大多数人常忽视的问题之一。通过注释指出资料的来源，以供使用者查证，同时也是对他人研究成果的尊重。注释应详细准确，如被引用资料的作者姓名、书刊名称、所属页码、出版单位和时间等都应予以列明。

第六，版面设计合理。版面设计包括字体的类型、大小、颜色，字间距，空白位置的应用，插图及颜色的使用等。报告的编排要大方、美观，有助于阅读。另外，打印报告应使用质量好的纸张，打印和装订都要符合规范，这样会增强报告的专业性，以提高读者的信任感。

任务实施

1. 小组选取一种农林产品进行网络市场调研，设计网络市场调研问卷。
2. 在网络上发布问卷，进行调研。
3. 将网络市场调研结果进行整理分析，形成相关农林产品的网络市场调研报告。

项目3 农林产品网店开设

企业开展网络营销活动的基本目标是实现产品销售,如何选择适合的品类,如何为网络销售产品制定适合的价格,如何打造爆款商品,如何选择网络销售平台就成为解决产品销售的关键影响因素。本项目将从如何选择货源、如何为网店产品制定合理的销售价格,以及如何选择合理的网络销售渠道入手,为开设农林产品网店决策提供依据。

学习目标

》知识目标

1. 掌握农林产品网店开设商品选择应遵循的原则。
2. 掌握网络产品定价技巧。
3. 了解不同网络销售平台的特点,有针对性地选择销售平台。

》能力目标

1. 能够依据产品特点正确选择产品类目。
2. 能够利用网络平台开设网店。
3. 能够为一定的网络产品定价。

》素质目标

1. 树立诚信经营的营销理念,遵循市场竞争法则。
2. 培养创新精神,增强互联网创业能力,会创业、能创业、敢创业。
3. 培养敬业乐业的工作态度。

知识体系

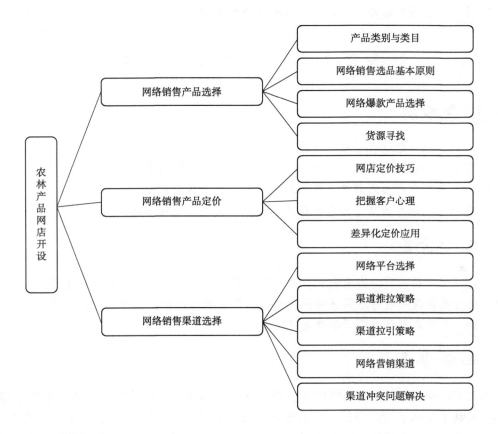

案例导入

网红带货林下产品

突如其来的新型冠状病毒感染疫情,使得很多个体经营者的经济收入受到了影响,然而大兴安岭网红协会会长、阿木尔林业局的网红大成子每天线上向粉丝直播推送东北特色食品,订单不断。

其实自2016年起大成子夫妇就发现直播这个新行当,于是便利用手机将大兴安岭的特产拍摄成视频上传到互联网,短短一年时间,粉丝数量就增长到10万人。网红大成子的创业得到当地林业局的大力支持,在林业局的扶持下成立了"成家大院",大成子到四川电视台参加节目,受邀参加线上直播大兴安岭冬泳挑战赛等活动。2018年,网红大成子经营"红旗人家",线上推介林场的"红色文化",2019年粉丝突破100万人。

大成子凭借自己的真诚、执着得到了粉丝的认可,成功地将东北黑木耳、野生蓝莓、桦树茸等林下产品推向市场。仅2021年上半年就成交1万多单,实现销售额45万余元。

大成子订单的增加,带动了当地快递行业以及食用菌养殖户的收入,延长了产业链条,使林下产品变成了"真金白银"。

案例思考：
1. 大成子带货林下产品的成功秘诀是什么？
2. 你的家乡有哪些林下产品，是否都适合网络营销？

任务 3-1　网络销售产品选择

任务目标

1. 了解不同网络销售平台开设的产品类目。
2. 掌握网络销售选品的各项原则，遵循"六要五不要"原则。
3. 会灵活运用网络爆款产品选择的技巧，并确定爆款产品。
4. 会结合实际寻找适当的农林产品货源，开展网络营销活动。

工作任务

通过网络市场调研、实地查找、询问亲友等方式查找适合网络销售的货源，结合电商网站产品分类情况及消费者需求特征，对选择商品进行评估，最终选出适合店内销售的产品，为进一步开展网络推广活动奠定基础。

知识准备

随着互联网应用范围的不断扩大，借助网络平台进行销售的产品和企业也越来越多，有的企业从中挖到了"第一桶金"，有的产品被打造为全网"第一爆品"，但是也有的企业始终默默无闻、不得要领，有的产品始终不温不火，其中一个很重要的原因就是产品的选择。

1. 产品类别与类目

（1）产品类别

产品作为企业生产经营活动过程中的直接物质成果，是连接企业与消费者的重要纽带。无论产品的表现形式如何，任何作为营销的产品都应当具备以下特征：第一，产品应当能够满足人们的需要，应当具备一定的使用价值；第二，产品应当能够在市场中进行交换；第三，一件产品具有使用价值不一定能够交换出去，这是由于竞争造成的，因此市场中会存在同类产品或可替代产品。

为了能够更好地进行产品选择，需要了解市场中产品的分类。

按照消费者购买目的的不同，可以将产品分为消费品和产业用品两类。

消费品：即最终产品，是指家庭或个人为了自身消费而进行的购买和使用的产品或服务。

产业用品：一般来讲，产业用品是中间产品，是企业为了生产加工或再次出售而购买的产品或服务。

由于网络营销活动主要对象为消费品，需要了解消费品的类型。

按照耐用程度的不同，可以将消费品分为耐用品和非耐用品。

耐用品：在一定时期内消费者可以多次充分使用，使用周期较长，因此消费者的购买频率较低，为了更好地获取利润，一般企业应当将其单价及毛利率定至较高水平。对于企业来说，要想更好地占领市场，则应向消费者提供较多的附加服务，且不断提升质量保障。

非耐用品：此类产品，消费者使用时间较短，更换频率高，重复购买次数多。生活中很多商品都属于此类产品。对于企业来说，此类商品的单价不宜定得过高，而应多设置消费网点，多做一些提醒式的广告，注重消费偏好的形成。

按照产品形态的不同，可以将消费品分为有形产品和服务。

有形产品：是指有一定实物形态的产品，如家具、生鲜产品等。在网络营销中，此类产品的交付需要实现空间位置及物权的转移，因此对物流交付速度及质量保障要求较高。企业要注重商品包装、商品规格及保质期等要素。

服务：作为一种产品，其最大的特点就是不具有实物形态，具有无形性。同时由于服务的提供者与接受者均为人，因此差异性特点也表现得尤为突出。例如，生态旅游服务、森林康养服务的质量评价易出现较大差异，企业尤其应当注意对服务质量标准的统一界定，充分考虑文化地域差异可能带来的影响。

按照消费者购买习惯的不同，可以将产品分为方便品、选购品、特殊品和非寻找产品。

（2）产品类目

消费市场中的产品品种繁多、品牌繁杂，如何能够让用户更精准、更快速、更方便地找到自己所需要的商品，就需要将产品种类进行进一步的细分，这在电商平台中被称为划分产品类目。

下面以天猫为例，了解电商平台的产品类目。

天猫平台按照由高到低的层次将产品分为经营大类、一级类目、二级类目、三级类目、四级类目共 5 级。一级类目分为服饰、鞋类箱包、运动户外、珠宝配饰、化妆品（含美容工具）、家装家具家纺、图书音像、乐器、服务、汽车及配件、居家日用、母婴、食品、保健品及医药、3C 数码、家用电器、网游及 QQ、话费通信共 18 个经营大类。每个经营大类又细分出多个一级、二级、三级、四级类目。例如，保健品及医药大类，分为传统滋补营养品、保健食品/膳食营养补充食品、互联网医疗、保健用品、OTC 药品/国际医药、医疗器械、计生用品、精致中药材、隐形眼镜/护理液等。

需要注意的是，后台类目面向的对象是商家，目的是用于商品的分类及属性管理，而前台看到的类目则是为了方便用户筛选查找商品而做的设置，因此会出现前台与后台不一致的现象。总的来讲，后台类目相对比较稳定，不能随便删除；前台类目则很灵活，平台会根据市场变化和消费者需求进行调整。

2. 网络销售选品基本原则

不是所有的产品都适合进行网络销售，因此进行商品的筛选非常重要。网络店铺初期进行选品时，应当遵循以下原则：

(1)"六要"原则

①产品消费要具有持续性　开发一个新客户所要支付的成本远远高于维护一个老客户，因此，初期选品一定要选择易让消费者产生信任感并持续消费的产品，如生活用品、生活服务等。

②要选择质量有保障的产品　最好选择品牌产品或质量稳定的产品，让消费者对产品有信心。

③要选择价格低廉的产品　为避免由于库存积压造成资金流转速度减缓，最好选择单价较低的商品。

④要选择体积小、方便运输的产品　由于刚做网络营销时，精力和能力都非常有限，因此主要精力应当放在如何提升售前及售中业务，不要为了物流售后处理而分神，如不宜选择家具、大宗商品等。

⑤商品要具有可分享性　可利用口碑营销借助亲友进行宣传推介，如绿色健康类产品等。

⑥要选择利润率高的产品　利润率高的产品比较适合进行网络分级代理销售，引爆全网。但要格外注意质量要有保障，避免因质量问题产生纠纷。

(2)"五不要"原则

①不要选择议价能力高的企业作为合作伙伴　严选商家，对信誉、议价能力进行综合考量，以免出现因销量增加而提高价格的现象，进而挤压我们的利润空间。

②不要选择竞争过于激烈的产品，避免因价格战带来影响　某些产品的准入门槛较低，竞争商家较多，一旦进入网络市场极易引发价格战，对于新进店家极为不利。

③不要选择概念过于前卫的产品　这类产品消费者数量比较少，不宜大规模开拓市场。

④不要选择价格过于昂贵的产品　开店初期，运营成本要严格控制。价格过高的产品，一方面，容易占用大量资金；另一方面，可能面临一定的物流售后纠纷，理赔风险增加。

⑤不要选择保质期较短的商品，特别是食品　食品保质期短，对周转率要求较高，另外该类产品易出现差异化需求，众口难调，因此评价会褒贬不一，影响销售。

总的来讲，网络选品是网络开店的第一步，也是关键的一步，选择合适的商品会为后期网店推广奠定良好的基础，因此要慎重选择。

3. 网络爆款产品选择

在网店运营中，打造爆款产品是大家一致追求的目标。据统计，一个店铺大部分的自然流量都是源自爆款产品，因此在没有高额广告费用投入的情况下，打造爆款产品成为决定网店存亡的重要任务。

(1)爆款产品特点

每一个爆款产品都有生命周期，包括投入期、成长期、成熟期、衰退期4个阶段。准确地把握爆款产品生命周期各个阶段，可以为店铺赢得必要的流量。

首先需要根据爆款产品生命周期的特点为其制订一套完整的执行计划。在爆款产品生命周期第一阶段，也就是投入期，商家需要精心挑选爆款产品，进行预热，做好店铺装备工作。爆款商品在选择时需要注意以下几点：

①产品应充分代表店铺风格属性　爆款商品必须能够有效代表店铺的风格与属性，无论是价格、款式还是消费者群体，都应具有极强的代表性，与店铺的整体风格匹配。例如，店铺整体是销售生鲜产品，那么就不能用储物用品作为主推产品。

②产品应具有可持续的发展潜力　所有的产品都是有生命周期的，一般情况下，3个月左右的时候会达到销量高峰期，此时竞争会陡然加剧，爆款产品的类型就需要做适当调整。

③产品品质要有保障　爆款产品作为引流的重要产品，并不意味着价格低廉、品质欠佳。相反，爆款产品应当保证品质的优良与供货的稳定。因此，店家需要有可靠的货源与充足的库存水平，同时要控制产品的品牌自主权，避免因销量的增加带来知识产权等方面的纠纷。

④选择复购率高以及老客户成交率高的产品　通常情况下，爆款产品的老客户成交量应当达到40%及以上才能称为优良水平，这与产品的质量稳定性是密不可分的。

在第二阶段成长期，要考虑费用的投入与具体计划的执行，由于此时销售额与利润额都呈快速增长，投入也会出现增长的趋势，因此必须严格执行推广计划。

在第三阶段成熟期，销量虽依然增加，但速度已经放缓，需要严格控制成本，把握利润。

在第四阶段衰退期，需要考虑前期的爆款推广活动成功与否、活动的后劲如何，为下一阶段的推广做好准备。一个爆款产品的作用是非常有限的，只有打造一个爆款群才能产生连带效应，所以在第四阶段衰退期可以选择新产品进行替代，增强爆款产品的持续生命力（图3-1）。

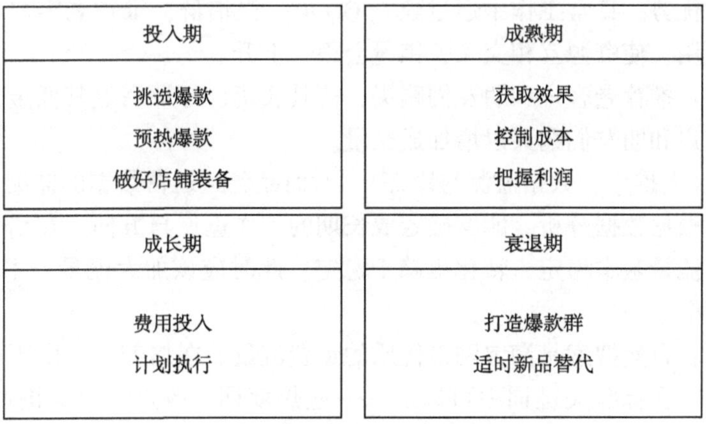

投入期	成熟期
挑选爆款 预热爆款 做好店铺装备	获取效果 控制成本 把握利润
成长期	衰退期
费用投入 计划执行	打造爆款群 适时新品替代

图 3-1　爆款产品生命周期及策略

(2) 爆款产品打造流程

①筛选期（明确目标）　打造爆款产品之前，首先要明确目标：爆款产品销售目标是多少？选择哪款商品？投入多少广告预算？然后对市场及商品进行分析、分解、调研，以商家的身份分析市场，从消费者的角度分析其对商品的需求。

• 以商家的身份了解市场环境，从而确立爆款产品目标销量。一般根据搜索关键词查看行业销量前4名的商品，确定自己的目标销量、店铺日均独立访客、日销量，根据所选推广工具计算出推广预算是否在店铺可承受范围之内。

• 从消费者的角度选择商品，可以选择直通车测试法对所选产品进行测试。从店铺内选择5~6款比较有潜质的商品，同时加入直通车测试一周。然后根据直通车转化情况，从数据出发，筛选访客数量多、平均访问时间长、跳失率低的潜力单品，进行爆款培养。爆款产品的价格要低于店铺的平均客单价，同时利用平台软件找出竞争对手的热销商品。

②培养期（投放推广） 确定要打造的爆款商品后，便进入爆款培养阶段。对产品进行投放推广需要完成以下五方面内容：

• 优化商品，调整页面：产品页面包括三要素，即主图、标题、价格。商家需要确认商品主图是否传递出商品的卖点与利益点；商品详情页中，卖点有没有突出，有没有细节展示、多角度展示；是否有售后保障；是否从消费者角度出发，打消并解决了消费者的疑虑与问题等。

• 推广引流：推广工具有秒杀、限时折扣、满赠、包邮、优惠券、搭配销售等，可以通过一些优惠促销来刺激买家，让其在最短的时间内做出购买的决定。根据店铺情况及之前的推广预算，选择合适的推广方式。如果以直通车为主，应对直通车进行调整，筛选关键词，调高出价，修改推广内容，更替图片。

• 客服推荐与反馈：不定时抽查客服人员的聊天记录，搜集消费者的反馈信息，查看客服人员是否进行了重点推荐等。从客服人员反馈的信息中获知消费者关注的信息，从而进一步调整。

• 老客户营销：向老客户营销精准度高，所以利用老客户的资源进行爆款产品的初始推广具有绝对的优势。日常工作中通过建立QQ群、微信群，维护老客户。老客户营销加上推广工具的使用，使资源互相交叉，销量会很快上升。

• 合法刷单：推荐老客户和朋友们购买，待其收货、好评后返其佣金；或者以低折扣的价格吸引老客户和朋友们购买以增加成交量。

③成长期（加大推广、数据监测与跟踪） 对商品各项运营数据的监测与跟踪是成长期最核心的要点。根据数据分析，能够确定成长期的工作重点与方向。在培养期，商品已经有一定的销量，流量基本稳定，转化也趋于稳定。此时应该加大流量，主要方法有以下4种（以淘宝网为例）：

• 优化标题：自然搜索是淘宝网最优质的免费流量。在培养期，由于商品已经产生一定的销量，这时，在标题关键词中可以加入一些热度词，改过一个关键词后，基本上15分钟后就能看到是否有效果。

• 加大推广力度：继续优化关键词，测试提升点击率、提升质量得分，从而调整出价排名。删除质量得分低的关键词和无转化且点击成本高的关键词。另外，单靠关键词所带来的流量非常有限，类目出价和定向出价也要开通。开通了类目出价和定向出价后，相对应的直通车的流量正常情况下会进一步提升。

• 店铺内流量导入：店铺内流量导入可以从三方面入手：店铺首页的横幅广告推荐导

入；商品详情页推荐导入；左侧栏推荐位推荐导入。

• 免费活动流量：在成长期，需要大量的流量导入，除了自然搜索、推广工具的使用外，还可以利用活动资源。这一时期可利用各种活动资源进行流量冲锋。打造爆款产品需要综合应用各种营销推广工具，论坛、博客、微博、QQ群、微信群等促销信息的宣传也要相应加大力度。

④成熟期(反馈分析)　在成长期快速增长后，商品的流量、转化率、销量等都已接近峰值。此款商品的转化率基本达到7%~8%，销量大幅提升。打造爆款产品能否达到最终的目标，关键看执行操作过程中能否关注每个细节。例如，转化率不高，除了商品页面问题外，客服人员是否进行推荐，客户的评价是否反映了此问题；搜索流量下降，是因为商品标题进行了调整、商品被投诉降权，还是因为搜索规则发生了变化。从结果中寻找问题、寻找原因，从而找出对应的解决方案，直至解决问题。

4. 货源寻找

货源寻找可以通过两种渠道来进行，分别是线上渠道和线下渠道。

(1)线上渠道

随着网络的普及，信息共享越来越方便，货源信息也可以通过互联网进行查找。目前较为常见的互联网供货平台有阿里巴巴、天猫供销平台、云货优选等。

①以阿里巴巴为首的B2B进货平台　通过不同的平台挑选所需要的货源，价格上可以优惠很多，但是买家需要进行细致的观察和仔细的挑选，货比三家。第一次进货时不要批量太大，避免因经验不足造成损失。

②天猫为首的网络销售平台　利用天猫供销平台进行货源选择的优点是仅需要简单的几个操作，便可以实现货物销售的目的。用鼠标点击几下，就可以直接发布商品，省去制作商品详情页、设置属性等一系列工作；仅需一键点击便可以将商品搬进自己的网店里；如果有人下单，订单生成后则直接会到达供应商处，我们只需要做好客户维护工作，如售前咨询、售后物流服务等。如果能够得到品牌方的授权，在消费者搜索时就可以出现"授"的标志，增强消费者信任感，但同时价格会相对高一些。此类平台还有很多。

除网络销售平台外，还可以充分利用周边环境，发掘土特产，带动农村经济。随着农村电商的发展，越来越多的农村土特产被外人所熟识，走出乡村，走进千家万户。土特产市场被越来越多的人看好，市场前景非常广阔。例如，拼多多与乡村合作，成立多多果园，让新鲜美味的水果不再滞销。对于新开店铺来说，在选品时可以进行以下考虑。

①利用线上土特产商城　利用线上土特产商城可以最大限度地跨越地域的差异，特别适合新手起步。这种方式在积极创业的同时还能有效带动周边农村经济的发展，一举多得。同时线上商城提供的货源丰富、品种多样，可供选择范围大，能够广泛迎合消费者需求。

②利用家乡特产　选择家乡特产时，由于店主对家乡风土人情比较了解，货源选择品质较高也较稳定。其间可以先通过搜索引擎进行搜索，然后进行实地考察、比较，最终确定货源。这种方式针对性强，既能促进家乡特产线上销售，又能帮助农民致富增收。

(2)线下渠道

①利用品牌代理　随着商品品牌竞争的加剧，越来越多的企业走上品牌化路线，拓宽品牌商品销售渠道也是企业的迫切需求，因此有很多品牌供货商寻求品牌代理合作。在进行品牌选择时需要注意考察该品牌的知名度与美誉度，明确获取品牌代理的授权条件和要求。品牌产品质量相对稳定，在消费者心目中具有一应影响力，因此，对于新开店铺来说可以节约品牌宣传、售后服务等环节的投入。

②利用当地特色产品　以当地特色产品或服务为切入点，唤起消费者情感共鸣，借助区域影响力展开销售。在所在地区寻找特色产品，不仅距离产地较近，而且溢价能力增强，如山西老陈醋、五台野生台蘑等。

③利用批发市场　这是一种最为常见的进货渠道，如果是开女装店，可以选择广州女装批发市场、深圳批发市场、杭州批发市场等。对于新手店家来说，批发市场货源充足、种类繁多、可供选择余地大，但是对议价能力也提出了较高的要求。店家必须要有强大的议价能力，力争将价格压到最低，同时要提前就售后问题作出协商，以免日后产生纠纷。

④利用人脉资源　如果有亲友正在经营一些货源批发或者实体销售店铺，不妨利用这种资源。这种资源能够使新手店家更高效地获得低价、优质的货源。

⑤利用库存或者清仓　若有商家在短时间内急于处理库存或者清仓，而新手店家又有足够的砍价能力和经济实力，不妨低价购入，转到自己的网络店铺中进行销售，此时可以利用地域和时间差获取相应的利润。但是一定要注意严把质量关，同时密切关注货源未来发展趋势，及时构建自己的分销渠道。

总的来说，优质的货源渠道是开设网店的基础，作为新手卖家一定要广泛查找货源，辨别产品质量，提升议价能力，降低购入成本。

知识链接

如何开设网络店铺

网络店铺的开设如同在实体市场中选择店铺地址一样，也有必须要遵循的原则，如网店平台的专业性、网店平台的客流量、网店平台影响力、网店平台与产品的相关性等。下面以淘宝为例对网络店铺的开设进行介绍。

一、申请淘宝支付账户

目前通用的支付账户有各大银行银联卡、财付通、支付宝。以支付宝为例，买家使用支付宝，其好处是：货款先由支付宝保管，买家收货满意后才付钱给卖家，安全放心；买家不必去银行汇款，在线支付，方便简单；付款成功后，卖家立即发货，快速高效；经济实惠。卖家使用支付宝，其好处是：无须到银行查账，支付宝及时告知买家付款情况，省力、省时；账目分明，支付宝帮助用户清晰地记录每一笔交易的详细信息，省心；支付宝认证是卖家信誉的有效体现。

1. 必须输入真实姓名

（1）用户所填写的真实姓名是进行支付宝账户认证时的重要组成部分，会影响到是否能通过认证。

(2)用户在支付宝账户中绑定的银行账户的开户人姓名需与所填写的真实姓名完全对应。如果两者不一致,将无法完成支付宝账户资金的提现。

(3)注册完成后,用户所提供的真实姓名将不能修改。

2. 保存证件号码的必要性

(1)用户所填写的证件号码也是进行支付宝认证重要组成部分,会影响到能否通过认证。

(2)在进行重新取回登录密码或者支付密码等操作的时候,需要用户输入注册账户时所保存的证件号码进行对比确认。

(3)注册完成后,证件号码不得随意修改。

二、淘宝店铺创建操作步骤

(1)打开淘宝网,登录自己的淘宝账号。在页面的右上角找到"卖家中心",点击"免费开店"。

(2)点击"创建个人店铺",系统会自动跳至下一步,仔细阅读相关规定,点击下方"我已了解,继续开店"。如果淘宝账户已经绑定支付宝,那么支付宝实名认证会自动通过,点击淘宝开店认证操作的"立即认证"。

(3)点击"立即认证"后,会跳出一个二维码,用手机淘宝扫描二维码进行认证。

(4)手机淘宝扫描二维码后,会跳出阿里实名认证,点击"开始认证",阅读声明,点击"同意",进入人脸识别系统。根据系统提示做出相应动作,识别通过后上传本人身份证正反照片,上传成功后会提示认证通过。

(5)淘宝网显示认证通过后,点击"创建店铺",之后会自动跳至下一步,显示淘宝认证已通过。

(6)点击下一步,会跳出开店协议,认真阅读之后点击"同意"进入下一步。

(7)点击"同意"后,会跳至卖家中心,弹出提示信息。

(8)阅读完提示信息后,就完成了店铺创建。

任务实施

1. 登录电商网站,查看商品目录分类情况。
2. 运用网络调研手段了解目标产品的货源情况及消费者需求特点等。
3. 完成商品开发评估表(表3-1)。

表3-1 商品开发评估表

调研项目	商品名称				
店铺链接					
店铺名称					
商品主图					
好评卖点					

(续)

调研项目	商品名称			
差评卖点				
页面风格				
产品属性				
产品分量				
产品成本				
日常价格				
产品最低价				
月销量				
赠品				
近30日浏览量				
近30日广告				
日均直播时长				

任务 3-2 网络销售产品定价

任务目标

1. 了解同品类店铺产品布局情况。
2. 明确不同类型产品在店铺推广中的作用。
3. 掌握不同性质产品的特点。
4. 能够制订适合的定价策略。

工作任务

通过网络市场调研，查看店铺产品布局情况，结合产品性质展开定价策略分析。依据网络店铺产品类型特征，划分主推款、利润款、活动款、形象款、引流款产品，并运用定价策略为其制定价格。

知识准备

价格是营销组合要素中最为活跃的要素，通常指消费者为获得商品或服务所必须付出的货币代价。而从广义的角度出发，消费者为了获得一定的产品或服务不仅要付出金钱，还要付出时间、精力等。随着互联网的发展，产品价格制定的影响因素越来越多，既有内部因素，也有外部因素。内部因素主要有企业实力、企业定价目标、产品因素等；外部因素则包括需求因素、政策因素、供求关系、竞争因素等。

1. 网店定价技巧

无论经营何种商品，掌握一定的定价技巧都是非常有必要的。

（1）网店定价禁忌

①不依据成本定价　定价的基本依据是成本，如果不进行成本核算，盲目定价，背离成本要求，也不了解同行定价水平，就极易导致定价不合理，从而带来损失。

②频繁地改动价格　商品价格一旦确定，就要尽量避免频繁地改动，否则会给店铺带来很大的负面影响，严重影响自然流量的提高。

（2）定价前成本核算

价格制定过程中，上限由需求决定，下限则是商品成本。因此，进行成本核算是定价的必要前提。成本核算的基本内容包括以下几方面：

固定成本=办公用品+水电费+房屋租金+税费+其他

人力成本=人数×工作时间×单位小时工资

产品成本=出仓成本+包装成本+物流成本

营销成本=推广费用+物料费用+其他赠品

退换货损益=卖家发货成本+弥补卖家运费

滞销损益=当季货物费用+买家运费补贴

平台扣点费用=营业额×扣点率

纯利润=营业额-固定成本-人力成本-产品成本-营销成本-退换货损益-滞销损益-平台扣点费用

2. 把握客户心理

消费者进行购物时，往往存在以下心理：

（1）求廉心理

这是一种常见的顾客购买心理。消费者的心理动机为少花钱多办事。这类消费者在选购商品时，往往会进行详细的比较，价格低廉是其选购商品的第一标准。

（2）求实心理

这种心理动机在消费者群体中也较为常见。他们要求商品具有较高的使用价值，讲究实用性，对商品的美观、悦目则不是特别看重。

（3）疑虑心理

这是一种瞻前顾后的购物心理动机，其核心是害怕上当吃亏。他们在购买物品的过程中，对商品质量、性能、功效持怀疑态度，怕不好用，怕上当受骗，疑虑很多。因此会反复向卖家询问，仔细地检查商品，并非常关心售后服务工作，直到心中的疑虑解除才会购买。

（4）安全心理

有这种心理的消费者对欲购的物品，要求在使用过程中和使用以后必须保障安全，例如，非常重视食品的保鲜期，药品有无副作用，洗涤用品有无化学反应，电器用具有无漏电现象等。卖家解释清楚后，他们才能放心地购买。

(5) 追求个性心理

消费品市场发展到今天，消费者所选择商品时考虑的可能已不仅仅是商品的实用价值，更需要体现消费者个体的自身价值。产品如何做到多变、创新，并能够激起消费者强烈的好奇心，成了每个产品开发者所必须要考虑的问题。在网络销售中，许多店铺会提供在实体商场、店铺所不能买到的有特色的商品。这类商品的崇尚者在购买商品时，重视"时髦""奇特"和"潮流"。他们常常会通过网购来满足自己追求个性化的消费心理。

大部分消费者网购时，都会尽量避免选择价格过高或过低的商品，价格过高时担心发生商品溢价而导致徒有虚名，价格过低时担心质量过于劣质，因此选择中间价格的消费者占绝大多数。例如，2.5千克精选的冰糖橙，3个商家分别定价20.98元、15.99元、35.78元，消费者会担心低价的品质不过关，而35.78元的又有些价格过高，因此选择20.98元商品的买家会比较多。

3. 差异化定价应用

(1) 店铺商品定价方式

一个持续经营的店铺需要设定合理的商品布局，不同的类目、不同的阶段，产品布局必然不同。产品的基本布局应当如图3-2所示。

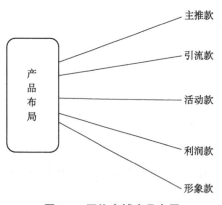

图3-2 网络店铺产品布局

以上的产品布局，符合大部分商家的特点，并且不同的类型在不同的时间段是可以切换的。小类目或者级别太低的商品，不必区分得太明显，但是引流款和利润款是店铺必备。不同的商品定价标准不同，以下主要介绍引流款和利润款商品的定价方式。

①引流款商品定价方式　引流款商品是店铺流量的基石，这类商品的特点是能够给店铺带来较大的访问量，商品有很大的曝光量，但是利润很低。而且该类商品单价也比较低，虽然能够带来较大的流量，但给店铺带来的经营风险也比较大，容易出现差评。因此，要多注意客户反馈，及时做出应对。

以红枣为例，具体的定价步骤如下。

首先，搜索主词，如新疆红枣，并且按照销量进行排序；其次，计算出首页价格分布，例如，20元以下的是5家，20~40元的是13家，40~80元的是4家，80元以上的是2家；最后，选择价格最多的价格区间作为自己的价格区间，然后把这个价格区间的所有商品价格相加，再除以商品数，作为自己的价格，在此基础上加成本因素即可。

由于引流款的作用主要是带来流量，因此获利非常少，利润率一般在0~1%之间，每间店铺设立5件左右引流款即可，这样对店铺的成本投入就不会要求太高。

比较适合做引流款的商品主要包括以下几种：

一是使用频率高的商品。例如，超市多会选择鸡蛋、蔬菜作为低价商品吸引消费者。

二是低价或者微利商品。例如，利用1元抢购活动吸引消费者，或者前多少名消费者可享受免费购物等，通过微利或免费活动进行吸引。

三是高价值的商品。这里所说的价值是站在目标客户的角度选择和设计引流商品,能够帮助消费者解决问题、提升生活品质。

四是实用性高的商品。此类商品能够让潜在消费群体体验到商品的好处,进而带动后端销售。

五是关联性强的商品。此类商品的使用最好与主推商品使用具有一定的关联性,例如,购买生鲜产品,可以用保鲜袋作为引流产品,后期沟通会较为顺畅。

②利润款商品定价方式　利润款商品是一个店铺必不可少的,其优点是商品本身质量优、客户反馈好、备货压力小、利润高,缺点是转化率相对较低。对于这种类型的商品,详情页的介绍尤为重要,做好买家秀优化,最终突出优势。

此款商品的定价要点是灵活运用黄金分割定价法则。在数学上存在一个黄金分割点,即将整体一分为二,较大部分与整体的比值等于较小部分与较大部分的比值,其值约为0.618,这个比例被公认为是最能引起美感的比例。这个黄金分割定价法则在商品定价中也是适用的,下面还是以红枣为例进行说明。

首先是搜索主词红枣,按照综合进行排序。然后找到点击量最大的价格区间,我们会发现,点击量最大的价格区间价格一般都不是最低的。在这里没有绝对的中端价格,只有低端和高端。这两部分计算标准是根据商品主词想要抢占的价格段来定位,计算公式如下:

(价格段最高价格−价格段最低价格)×0.382+价格段最低价格＝价格段低端价格

(价格段最高价格−价格段最低价格)×0.618+价格段最低价格＝价格段高端价格

利润款商品应适用于目标客户群体里某一特定的小众人群,这些人追求个性,因此,这部分商品突出的产品卖点及特点必须符合他们的心理。利润款商品前期选款对数据挖掘的要求更高,我们应该精准分析小众人群的偏好,分析出适合他们的款式、设计风格、价位区间、产品卖点等多方面因素。推广方面需要以更精准的方式进行人群定向推广。在推广前同样需要少量的定向数据进行测试,或者通过预售等方式进行产品调研,以做到供应链的轻量化。

(2)店铺商品定价的"271策略"

在店铺里,不可能所有商品的利润都是相同的,所以在定价时一定要和店铺的"271策略"相匹配,即20%的商品为低价,是用来引流和活动专供;70%为中等,保证主体销售额不亏本、不压货;剩余10%则为高价,是用来塑造品牌档次的。

任务实施

1. 进入相关网络店铺分析其商品布局。
2. 依据店铺推广情况对店铺中商品进行分类。
3. 查看不同店铺商品定价主要方法。
4. 完成店铺产品布局登记表(表 3-2)。
5. 运用"271策略"进行定价。

表 3-2 商品布局登记表

序号	店铺名称	经营品类	引流款产品	利润款产品	定价特点

任务 3-3 网络销售渠道选择

任务目标

1. 掌握网络平台选择的影响因素。
2. 明确渠道推拉、拉引策略实施技巧。
3. 能够较好地处理线上渠道与线下渠道冲突问题，熟悉网络零售趋势。
4. 掌握产品优化的方法，获取更多流量。

工作任务

通过在某平台开设网店，掌握网店开设的准备过程和开店流程，熟练地进行农林产品的网络营销。

知识准备

1. 网络平台选择

在市场营销中，分销渠道的选择是营销策略的重要一环，选择在什么平台销售是这一环节的重中之重。在进行网络销售平台选择时，需要考虑以下几个因素：平台站点使用成本，平台影响力，平台优惠政策，平台目标消费群体特征，平台专业性，农林产品特性等。

网上开店虽然成本较低且无须存货，开店进退自如，经营时间自由，但是其缺点也是存在的。例如，网上商店大多依托于第三方电子商务平台，功能方面不免会受到一定的限制，另外产品特色与平台推广人群的契合度不高，也会影响日后的引流，此外，对于初创者来说，由于经营时间不受限制，往往会每天超时工作，颠倒作息，影响身体健康。因此创业者要视具体情况慎重选择。

2. 渠道推拉策略

很多人具有相同的经历：进入药店，本来想购买 A 品牌感冒冲剂，但药店导购会积极推荐 B 品牌药品；进入美容院，工作人员会不遗余力地推荐某个陌生品牌的产品，并解释这个产品的质量、效果非常好，只是没有打广告，专供美容院销售，在其他地方买不到，等等。为什么导购们不积极推销知名品牌，这样不是更省力吗？这就涉及渠道建设中的推拉策略。

渠道的推拉策略也称高压策略，其强调的是分销渠道上各环节人员的推销活动，重点成本主要是人员促销与销售促销。销售人员介绍产品的各种特性与优势，促成潜在客户的购买决策，其具体流程通常是：企业的销售人员访问批发商—企业的销售人员协同批发商的销售人员访问零售商—批发商的销售人员协同零售商的销售人员积极地向消费者推销产品。按照这种方式，产品顺着分销渠道，逐层向前推进。推拉策略一般用于销售过程中需要人员推销的工业品和消费品。企业通过实行不定时且时间周期短的奖励和促销计划，主要是为了达到以下目的：一是促使渠道进货或者避免压货；二是把产品从经销商流到最终用户；三是扩大市场份额及品牌影响力；四是激发渠道以最快的速度去销售，这是最终的目的。

为了有效地使用推拉策略，企业必须具备以下3个条件：

①拥有高品质的单一产品，并具有推销卖点。为了促成销售，销售人员必须能够吸引潜在消费群体的注意力并掌握他们的兴趣。

②拥有相对高价位的产品。中间商必须获得足够多的毛利才能负担起推销活动所需的费用，而且销售人员拜访客户也是一笔很大的开销，所以采取推拉策略的产品，必须能够负担所支出的费用。

③对中间商及其销售人员，必须拥有足够引起其兴趣的经济鼓励。先进货再转销给他人的中间商，通常都希望产品利润高于一般水准。大多数批发和零售的销售人员，所推销的产品线一般都相当广泛，会要求他们特别关注某特定企业。

一般来讲，在下列情况下应采用推拉策略：企业规模小或无足够的资金推行完善的广告促销；市场比较集中，渠道短，销售力强，产品单位价值高，企业与中间商、消费者关系有待改善。推拉策略常用方法有让利活动、销售基金、捆绑销售、用户回访、客户分层、明星效应、培训、建立销售网点、举办产品宣传讲座等。

3. 渠道拉引策略

渠道的拉引策略也称吸引策略，一般是通过使用密集型的广告宣传、销售促进等活动，引起消费者的购买欲望，激发购买动机，进而增加中间商的压力，促使零售商向批发商、批发商向制造商进货，最终满足消费者的需要，从而达成促进销售的目的。企业通过实行长期而艰巨的行销计划，主要是为了达到以下的目的：一是创造用户众所周知的产品和强大的品牌影响力；二是使用户对产品产生浓厚的兴趣；三是满足用户对产品的要求和希望；四是让用户以最快的速度去消费，这是最终的目的。

在下列情况下，应采用拉引策略：一是目标市场范围较大，销售区域广泛的产品；二是销量正在迅速上升和初步打开销路的品牌；三是有较高知名度的品牌，感情色彩较浓的产品；四是容易掌握使用方法的产品，选择性的产品；五是消费者购买较为频繁的产品。

4. 网络营销渠道

随着电子商务以及网络营销技术的迅速发展，越来越多的消费者选择通过网络渠道进行购物，同时也有很多的传统零售业选择在网上开辟零售渠道。

根据《2022年上半年中国网络零售市场发展报告》，在2022年上半年，网络零售市场保持增长态势。而且随着疫情防控形势向好以及促消费政策发力显效，网络零售市场企稳回升，助力消费市场持续复苏。2022年上半年网上零售额就达6.3万亿元，同比增长3.1%。其中，实物商品网上零售额5.45万亿元，增长5.6%，占社会消费品零售总额的比重为25.9%，较去年同期提升2.2%。此外，在2022年中央一号文件中提出要持续推进农村电子商务与一二三产业融合发展、促进农村客货邮融合发展"两大融合"，加大力度实施"数商兴农"工程、"快递进村"工程、"互联网+"农产品出村进城工程三大强基固本工程，为此，加快农林产品网络营销渠道的发展也是响应国家号召的有效方法。目前，网络营销的渠道主要包括以下几种。

（1）B2C网络营销渠道

随着我国数字化的快速发展，我国网民数量飞速增加。中国互联网络信息中心第46次《中国互联网络发展状况统计报告》中指出，截至2020年6月，我国网民规模达9.4亿，较2020年3月增长3625万，相当于全球网民的1/5。我国手机网民规模达9.32亿，占比超99%。而互联网普及率达67%。

与此同时，中国互联网信息中心数据显示，我国电子商务交易额自2011年以来快速上升，近年来增速逐渐放缓。到2020年我国电子商务交易额达到37.21万亿元，同比增长4.5%。2021年1~6月，我国电子商务交易额为9.6万亿元，同比增长7.5%。在电子商务行业市场结构中，2021年上半年B2C网络零售额同比增长20.6%。

《2019年度中国网络零售市场数据监测报告》显示，截至2020年6月5日，2019年网络零售B2C市场（包括开放平台式与自营销售式，不含品牌电商），以商业交易总额（GMV）统计，排名前3位分别为：天猫50.1%、京东26.51%、拼多多12.8%。

（2）C2C网络营销渠道

C2C网络营销渠道的典型代表是淘宝网。淘宝网是亚太地区较大的网络零售商圈，由阿里巴巴集团在2003年5月创立。2011年6月16日，阿里巴巴集团旗下淘宝公司分拆为3个独立的公司，即沿袭C2C业务的淘宝网、平台型B2C电子商务服务商天猫和一站式购物搜索引擎一淘网。随着淘宝网规模的扩大和用户数量的增加，淘宝网也从单一的C2C网络集市变成了包括C2C、分销、拍卖、直供、众筹、定制等多种电子商务模式在内的综合性零售商圈。

（3）移动电商网络营销渠道

近年来，随着互联网技术的不断发展、居民收入的提升以及电商市场的快速发展，我国移动网购用户不断增长。到目前，线上购物已成为我国网民不可或缺的消费渠道之一。根据数据显示，截至2020年3月，我国手机购物用户规模为70 749万人，占手机网民的85.3%（图3-3）。

目前，我国移动电商发展迅猛，主要包括以下14类：

综合电商类：京东、天猫、唯品会、国美、聚美优品、当当网等。

食品行业类：1号店、21cake、百草味、三只松鼠等。

商超行业类：京东到家、永辉生活。

服装行业类：优衣库、蘑菇街等。

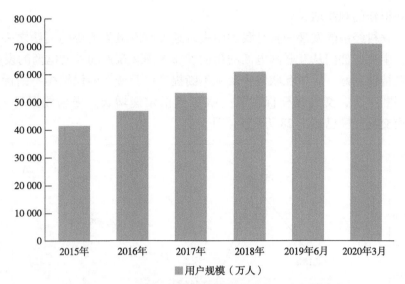

图 3-3　2015—2020 年 3 月中国手机购物用户规模走势
（数据来源：中国互联网信息中心）

美妆行业类：聚美优品等。
家居行业类：红星美凯龙、美乐乐、齐家、土巴兔、宜家等。
生鲜行业类：丰优选、易果生鲜、沱沱工社、天天果园等。
母婴行业类：宝宝树、贝贝网、红孩子、孩子王、乐友、麦乐购等。
家电行业类：国美电器、海尔集团、苏宁易购等。
珠宝行业类：通灵珠宝、月光宝盒、周大福等。
汽车行业类：瓜子二手车、汽车之家等。
医药行业类：360好药、江药、阿里健康、叮当网等。
导购/社交电商类：一淘、美啦、美柚、辣妈帮等。
微商类：喵嘴微店、京东微店等。

(4) 跨境电商网络营销渠道

2021 年第一季度，跨境电商进出口达到 4195 亿元，同比增长 46.5%。跨境电商主要有以下几个新特点：一是从渠道看，跨境电商从依托第三方平台为主，逐步开发出独立网站、社交网站、搜索引擎营销等多种新渠道；二是从主体看，跨境电商由早期的个人和贸易型企业为主转变为贸易型企业与生产企业融合发展，许多生产企业由线下转到线上，数字化水平明显提升；三是从产品看，跨境电商由单纯注重性价比逐步向注重品牌、质量、标准、服务等转变，定制化、个性化商品快速增长。

出口跨境电商包括阿里巴巴、环球资源网等 B2B 平台；进口跨境电商包括天猫国际、京东全球购等平台。

(5) 农村电商网络营销渠道

农村电商主要是利用网络平台，拓展农村信息服务业务、服务领域，以数字化、信息化的手段，通过集约化管理、市场化运作、成体系的跨区域跨行业联合，构筑紧凑而有序的商业联合体，降低农村商业成本、扩大农村商业领域，使农民成为网络平台的最大获利者，使商家获得新的利润增长。

近年来，农村经济的发展一直是我国中央及地方政府最为关心的问题之一。为落实乡村振兴战略，中央各部门从互联网电商的角度发布多项政策推动农村电商的发展。

随着政策持续利好、农村互联网普及率不断提升以及城乡网民结构不断优化，我国农村电商市场不断扩大，交易规模保持着30%以上的增速增长。根据数据显示，2019年，我国农村电商交易规模已达2.28万亿元（图3-4）。

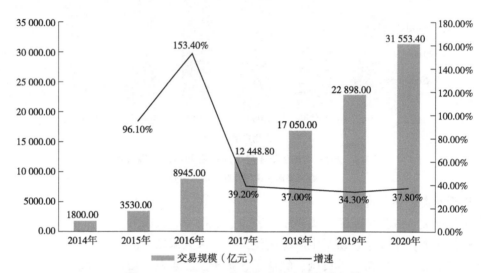

图3-4　2014—2020年我国农村电商交易规模

(6) 社交电商网络营销渠道

我国社交网络主要分为综合社交、兴趣社交、同城交友、母婴社区、校园社交、陌生人社交、商务社交等类型。其中，综合社交为目前社交电商网络营销的主要渠道。随着移动互联网的发展，垂直社交也有较多的精准受众群体，将成为必不可少的社交电商网络营销渠道。同时，社交属性有多个领域交叉，产生了多种带有社交属性的外延应用类型。

(7) 微商网络营销渠道

微商不是在朋友圈用九宫格刷屏，而是通过微信、微博等社交平台进行社会化分销的商业模式。微商的特点在于利用微信等社交网络，基于熟人关系建立起消费信任，从而降低营销成本。

从最终销售端来看，微商主要有两种模式，一种是基于微信公众号开设微商城的B2C模式，另一种则是个人基于朋友圈开店的C2C模式。微商产业包括品牌微商平台、微商代运营、微商、个人微商以及配套的物流支付等。

5. 渠道冲突问题解决

(1) 线上线下渠道冲突表现

伴随着电子商务规模的发展壮大，许多传统企业相继进军电子商务界，但在网络创造销售增长奇迹的同时，传统的线下销售渠道却承受了巨大的压力。线上线下渠道冲突体现为以下几个方面：

① 线上线下客户冲突　线上渠道是新渠道，且网民主要以年轻、具有一定消费能力的

群体为主，因此其从线下渠道带走的都是优质的消费者，这是线下渠道承压并造成线上线下渠道冲突的源头。

②线上线下产品冲突　实体店由于受经费、人力、门店大小等因素的影响，能够展示的商品类别、款式等有限，但对于网店而言这仅仅是增加一个链接页面、一点存储空间，所以线上与线下相比可以提供更多的产品，消费者可选择的余地会大很多，自然容易使客户由线下渠道转移至线上渠道进行消费。

③线上线下价格冲突　线上渠道信息传播速度快、沟通便利、物流便捷、销售流程短以及由此成本降低带来的价格优势，使得线上渠道迅速瓜分线下渠道的份额。同时，网络销售的特点决定了其销售的商品不需要大量库存，对发货地没有特殊要求，这使线上渠道在物流及仓储成本上具有优势。另外，网络销售的道路费用也相对较低。因此，线上渠道在价格上普遍具有优势。平均来看，线上渠道比线下渠道产品优惠20%左右是很正常的情况。而这样的价差已经令线下渠道很难招架，导致其经营多年的区域化管理体系在线上渠道的冲击下束手无策。

④线上线下客户服务冲突　实体店的主要经营思想是将门店商品推荐给消费者，为消费者提供良好的服务，进而构建客户关系。而销售成绩、客户关系维护、客户忠诚度培养在很大程度上取决于门店人员，这就使得客户所享受的服务存在较大的变动性、差异性。线上渠道的经营思想是通过搭建友好的产品展示界面和网络推广，引起消费者的注意，诱发其购买意愿，从吸引消费者到最后促使消费者下单以及客户的关系维护，线上可以提供一整套标准流程，客户的满意度基本趋于一致。

这些冲突致使许多企业在渠道融合发展的道路上犹豫不决，一再质疑这种融通模式下的发展命运。作为企业，无论是疏忽了线上渠道还是遗漏了线下渠道，都会失去一定的竞争优势，所以这两种渠道若不能相互融合，那么也就等同于只有一种分销渠道。单一的分销渠道是原始的、落后的，是不符合时代发展潮流的，唯有线上线下相互融通的渠道才是当前发展所必需的，才更有利于企业发展。

线下渠道和线上渠道之间的矛盾似乎很难解决，如果太固守线下渠道则势必会弱化在互联网端的发展，但太过强化线上渠道又必然在价格体系、分销体系、供应链体系上冲击原有的线下业务。

(2) 线上线下渠道冲突解决

针对线上线下渠道冲突的问题，龚文祥在《传统企业如何做电商及微电商》中提出了具体的解读策略。

①下水道策略　线上销售作为消化线下库存的渠道，实际上就是产品区隔的模式。线上销售的产品主要是过季的库存产品，而线下实体店不再销售库存产品，线上线下互不交叉，是两套不同的价格体系。简而言之，就是把去年线下门店没有卖完的货物全部转到线上进行销售，把线上渠道作为库存的"下水道"。这样一来，线上和线下就不会产生冲突，这也是传统企业做电商解决线上线下渠道冲突最有效的一个方法。做服装的传统企业多采用这个策略。

以唯品会为例，对下水道策略进行说明。唯品会的定位是专门做特卖，就是将各大知名品牌在线下渠道卖不完的库存以低价购入，然后在网上以较低价卖出。产品是正品，品质优良,只是为消化库存,所以价格非常便宜,受到了消费者的追捧。对于传统企业而言,线上销售的是库存,这样也不会冲击到线下的销售。采用同样做法的还有李宁官方电子商务平台,线下主要销售新品,而李宁淘宝店则采取适量新品结合库存商品的销售方式。

②网络专销品牌策略　就是线上销售的品牌区别于线下门店的品牌。网络销售设立全新的品牌产品以及服务,这样消费者就无法与原有品牌的产品及服务进行对比,实现线上线下区隔的目的。

③地区补缺策略　是指线上渠道的建设主要弥补线下渠道覆盖的不足。例如,很多南方的传统企业,主要线下经销商都集中在南方,而没有覆盖到东北地区,所以通过电子商务平台可以进入东北市场,从而弥补线下渠道覆盖不足的问题。这种模式主要适用于企业处于初步成长、线下渠道覆盖能力有限的阶段。

④品牌线上和线下客户区隔策略　该策略也是价位的区隔。不同的价位可以区隔开不同的消费群体,这样能够通过线上的价格、品牌、产品的曝光展示,带动线下高价格品牌产品的销售。因为线上渠道的消费能力或消费习惯导致其客单价相对较低,所以可以把一个品牌的中低价格的商品放到线上销售,而价格相对较高的产品放到线下销售。这样线上的曝光能够提高并带动线下品牌的销售,而且不会导致两者之间的冲突。

线上渠道以提升品牌力为主,在消费人群积聚的购物网站等打广告,主要是为了促进线下的销售。通俗的理解就是做电子商务重点在于宣传线下、做品牌,而不在于线上卖货,这个策略用得比较多的是一些欧美的大品牌。一家中国台湾的企业就是采取这样的策略,这家企业在线上的销量很低,但在线下卖得极好。该企业成功的原因在于它花了上亿元把淘宝、天猫上关于其品牌的关键词全部买断,在很短的时间内做大了品牌影响力,引导线上的人群到线下购买,从而促进了线下销售的极速增长。这种把所有精力都用在线上做推广然后让线下产生销量的做法是否适合企业,要根据企业的自身情况来定。

⑤线上、线下价格完全一致策略　该策略比较适合强势的传统企业,但由于规模性促销而导致线上、线下价格一致的情况除外。在这种策略下,要求传统企业的销售网是由分公司而不是经销商所构成的,另外,所有的线下门店要求是直营店而非加盟店。总体而言,就是需要传统企业对于线下渠道有非常强的控制力。目前,苏宁采取的就是这个策略,其线上与线下的产品价格完全一致。在企业转型初期,对线下所有的系统都要重新规划设计,保持与线上的协调,因此所要付出的成本巨大。

⑥线下商品增值之后在线上销售策略　例如,在线下市场中到处都能看到某品牌的鞋子,如果该公司选择与互联网公司合作,推出一款信息感、时代感十足的新款鞋,专门在线上销售,就是所谓的线下商品增值后在线上销售。虽然还是相同的产品,但是稍微修改增值就变成不同款式的产品。百丽电商曾经用过这个策略,在他们刚开始做电子商务的时候,为了避免与线下渠道的冲突,曾经把线下的某一款鞋子在颜色上稍微修改增值,就成为一个同一品牌下的不同款产品,然后在线上销售。

⑦线上网店与线下门店互动协作策略　该策略实现了交易环节的区隔,线上渠道负责接受消费者的订单,线下传统渠道负责完成订单,线上、线下强强联手,实现传统门店与电子商务的协同以及互补,这个策略也叫O2O模式。例如,一家传统企业是卖服装的,

湖北省武汉市的一位消费者在该企业的线上网店下了一个订单,然后由离这个消费者最近的一家专卖店直接送货上门,这样消费者就完成了一次 O2O 的消费体验。

线上与线下渠道相融合,已成为零售行业一种新的形式、未来发展的必然趋势。企业将以互联网为依托,通过运用大数据、人工智能等先进技术手段,对商品的生产、流通与销售过程进行升级改造,进而重塑业态结构与生态圈,最终形成线上服务、线下体验以及与现代物流进行深度融合的零售新模式。

任务实施

1. 以小组为单位规划网络店铺发展方向,从产品品牌、产品发展潜力、产品特性等方面进行品类规划。

2. 为网络店铺推广选取关键词并撰写与销售内容关联度高的标题。

3. 为网络店铺的产品制定合理的价格策略。

4. 为扩大网络店铺的宣传力度,为本小组网络店铺设计制作轮播图、详情页等。

5. 对店铺内的商品进行评价,并根据商品分类、品牌、材质、风格等内容优化商品组合。

项目4　农林产品网络广告

网络广告是主要的网络营销方法之一,在网络营销方法体系中具有举足轻重的地位。随着国内互联网尤其是电子商务的迅速发展,网络广告在企业营销中的地位和价值越来越重要。如何才能找到精准的投放平台并实施针对性的广告制作,如何衡量广告投放效果,将在本项目中予以介绍。

学习目标

▶▶ 知识目标

1. 了解网络广告的定义、形式及计费方式。
2. 掌握农林产品网络广告策划基本步骤。
3. 熟悉农林产品网络广告效果评估方法。

▶▶ 能力目标

1. 会进行农林产品网络广告的策划与发布。
2. 会进行农林产品网络广告的效果评估。

▶▶ 素质目标

1. 培养创意思维、健康的审美观和艺术表达能力。
2. 培养对新生事物的好奇心和对互联网相关工作的热情。

知识体系

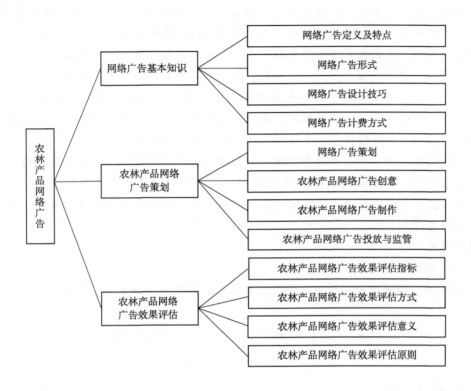

案例导入

宜兴市大力发展农产品网络营销

宜兴市位于江苏省南部，农业发达，特产丰富。全市现有农产品加工企业400多家，规模农业基地800多家，种养专业户1000多家。为促进该市农业电子商务快速发展，让优质农产品走上网络销售这条快车道，市农林局将市内优质农产品生产企业集中起来抱团发展，专门建设了农特产网络商城——天绿农特产网（以下简称天绿网），以此作为展示该市优质农产品的窗口，集中优势资源，加快优化推广天绿网，整体提升了该市农特产在全国市场上的竞争力。

政府牵头、农企参与，形成网络营销格局。市农林局经过详尽的调查与研究，组建宜兴天绿优质农产品营销公司，委托专业公司开发B2C商城天绿网（以下简称天绿商城），在淘宝C2C平台开设了天绿淘宝旗舰店。天绿网以实体店、网上商城相结合，营销采用直销、分销模式，通过一系列商业化运作，最终在全国打响了宜兴"天绿"优质农特产品。

在喜迎中秋佳节之际，天绿网及淘宝旗舰店打出"迎中秋、庆国庆，天绿商城秒杀优惠大促销"的口号，推出各类有针对性的礼包组合，并用一些产品进行低价促销及提供一些休闲小食品等一系列手段，借助中秋节这个有利时机，在网络销售上打开了市场。短短几个月，实体店月均交易额达5万元，网上月均交易额超1万元。

立足本地、面向全国,做强做大天绿品牌。网商要做大,最关键是要树立自己的品牌。天绿网要做强,就要充分利用网络营销技术,重点进行品牌推广。一是在产品经营层面上,以品牌经营为重点,联合该市规模农企,整合小规模基地,打造一个轻资产结构、重营销网络的核心企业集团。二是以资本运营为手段,吸收社会资本和风险投资加盟,壮大天绿公司实力,架设农产品生产全程产业链。三是根据市场需求,鼓励企业开发市场消费量大的产品,引领企业生产技术含量高、附加值高的农产品。四是专业策划天绿网络推介活动。在谷歌、百度等搜索引擎和知名门户网站做关键词、广告展位和链接交换等推广,合理分析关键词价位,适时投放广告,边投放边测试,以求取得资金最高回报率。五是灵活采用多种网络营销模式。天绿网采用直销、分销模式运行。网站在设计时已整合了强大的分销功能,即实施会员制和代理制两种模式。六是对天绿网实施升级工程,整合成 B2B2C 综合网站。运用天绿网整合的 B2B 板块进行网销,同时免费给农业企业、种养大户、农业专业户等提供农产品供需信息发布服务,使天绿网真正成为双向互动、多功能的农业电子商务网站。

案例思考:

1. 你了解网络广告吗?
2. 你认为天绿农特产网还可以采用哪些网络广告的方法加大推广力度呢?

任务4-1 网络广告基本知识

任务目标

1. 会运用网络广告设计要素分析所在学校的特色。
2. 会进行广告定位设计。
3. 能为所在学校设计一条旗帜广告。
4. 会将设计成果以图片形式呈现,并进行文字说明。

工作任务

掌握网络广告的具体内容与常用方法,针对不同的项目或者产品,选择适合的网络广告形式,并了解不同网络广告形式的特征。

知识准备

1. 网络广告定义及特点

(1)网络广告定义

网络广告又称互联网广告,是指通过网站、网页、互联网应用程序等互联网媒介,以文字、图片、音频、视频或者其他形式,直接或者间接地推销商品或者服务的商业广告。网络广告的本质是向互联网用户传递营销信息的一种手段,是对用户注意力资源的合理利用。简单地说,网络广告就是在网络平台上投放的广告。利用网站上的广告横幅、文本链接、多媒体的方法，在互联网刊登或发布广告，通过网络传递到互联网用户的一种高科技广告运作方式。

与传统的四大传播媒体(电视、广播、报纸、杂志)广告及备受垂青的户外广告相比，网络广告具有得天独厚的优势，是实施现代营销媒体战略的重要部分。互联网是一个全新的广告媒体，速度快、效果理想，是中小企业发展壮大的良好途径，对于广泛开展国际业务的公司更是如此。广告界甚至认为互联网络将超越户外广告，成为传统四大传播媒体之后的第五大媒体。因而，众多国际级的广告公司都成立了专门的网络媒体分部，以开拓网络广告的巨大市场。

网络的组成是复杂的，但业务的要求是简单的。从市场、业务角度考虑，哪种网络处理更好就应该采用哪种网络，甚至可以综合采用各种网络技术，不必拘泥于原有的概念。随着三网合一的进程，特别是信息家电概念的普及，网络已经泛指传输、存储和处理各种信息的设备及其技术的集成。因此，网络广告应是基于计算机通信等多种网络技术和多媒体技术的广告形式，其具体操作方式包括注册独立域名，建立公司主页；在热门站点上做横幅广告及链接，并登录各大搜索引擎；在知名电子公告板上发布广告信息，或开设专门论坛；通过电子邮件给目标消费者发送信息等。

(2) 网络广告特点

①广泛性和开放性　网络广告可以充分地利用互联网优势及成熟的多媒体技术，将文字、图片、声音、动画、视频等传统的广告表现手段变得更具有活力及渗透力，极大地丰富了网络广告的表现形式，进而为广大受众提供更为详尽的广告信息。互联网打破了时间与空间的限制，将全世界的计算机都连接了起来，从而使得信息可以在全球化范围内传播与交换。所以，任何一台计算机，只要能够上网便可以成为网络广告的传播对象。这就决定了网络广告必然要具有传播范围广、受众覆盖面大的特点。

②实时性和可控性　互联网反应迅速，依托互联网为媒介的网络广告反应也很迅速。在互联网上做广告，可以及时按照需要更改广告内容，经营决策的变化也能及时实施和推广。另外，网络广告制作周期比传统广告更短，这也是它的一大优势。

③双向性和交互性　网络广告的最大特点是信息互动传播，这就使得广告商与受众在网上处于同等的地位。受众可以根据自己的需要或是意愿查询和选择广告信息，从而减少了广告的强制性对传播效果的冲击。同时，受众还可以利用互联网的跨时空性、便捷性等特点，将自己对某些产品或是服务的意见及建议通过在线客服、在线留言或是电子邮件等多种方式反馈给商家，从而使商家能够及时地了解消费者的需求方向，从而及时做出反应，调整自己的广告策略或完善产品和服务的质量。

④直接性和针对性　由于网络广告都是在特定的网站发布，而这些网站一般都有特定的用户群，因此，广告主在投放这些广告的时候往往能够做到有的放矢，根据广告目标受众的特点，针对每个用户的不同兴趣和品味投放广告。

⑤易统计和可评估　在网络当中，网络广告商通过监视广告的浏览量、点击率等指标能够精确统计出广告的大致效果。因此，相对于其他广告形式，网络广告能够使广告主更好地跟踪广告受众的反应，及时了解用户和潜在用户的情况。

2. 网络广告形式

（1）旗帜广告

旗帜广告是以 GIF、JPG、Flash 等格式建立的图像文件，定位在网页中大多用来表现广告内容，同时还可使用 Java 等语言使其产生交互性，用 Shockwave 等插件工具增强表现力。旗帜广告因其像一个横幅，也称横幅广告，它是最早出现的网络广告。作为当前网络上最常见的广告形态，绝大多数的网页中都有旗帜广告。旗帜广告通常以长方形或正方形的图片出现在网页上端、下端或两侧，有的是静态的，更多的是动态的，动态的文字和图片像放电影一样出现。这些图片设计和制作都很精致，色彩鲜艳，富有强烈的吸引力，图片内会有简单的文字标语，凭借文字来说明广告的主题诉求。当点击这些图片后，这些图片会引导我们浏览一个崭新的网页，即达到了宣传网址和广告的目的。旗帜广告的图形尺寸有 4 种：全幅（full banner），尺寸为 468 像素×60 像素；全幅加直式导航条，尺寸为 392 像素×72 像素；半幅（half banner），尺寸为 234 像素×60 像素；竖幅（vertical banner），尺寸为 120 像素×240 像素。

（2）文本链接广告

文本链接广告就是在热门网站的网页上放置可以直接访问其他站点的链接，通过热门网站的访问，吸引一部分客户对链接的站点进行浏览，从而起到广告效果，这是一种对浏览者干扰最少、最简单、最有效的网络广告形式。文本链接广告常以一排文字作为一个广告，点击可以进入相应的广告页面。

（3）文字广告

文字广告是以文字的形式出现在 Web 页面上，一般是企业的名称，点击后链接到广告主的主页上。文字广告一般出现在网站的分类栏目中，其标题显示相关的查询字，所以又称商业服务专栏目录广告。这种广告非常适合中小企业，因为它既能产生不错的宣传效果，又花费不多。

（4）电子邮件广告

电子邮件广告就是利用电子邮件发布广告信息。由于电子邮件费用非常低廉，许多企业利用电子邮件来发布广告。电子邮件广告具有针对性强、费用低廉的特点，且广告内容不受限制。特别是针对性强的特点，它可以针对具体某一个人发送特定的广告，为其他网络广告方式所不及。

（5）电子杂志广告

电子杂志广告和我们通常所说的电子邮件广告有着本质的区别。电子邮件广告是商家向搜集到的电子邮箱地址发送大量自己公司产品的信息，如果对方不想接收这些信息就很容易感到反感和被抵制，所以这种邮件常常被叫作垃圾邮件。而电子杂志是由国内著名的网络内容服务商提供内容和信誉的充分保障，由专业人员精心编辑制作，具有很强的时效性、可读性和交互性，而且不受地域和时间的限制，用户在全球的任何地方，电子杂志都可以带给他们最新最全的信息。电子杂志是由网民根据兴趣与需要主动订阅，所以此类广告更能准确有效地面向潜在客户。

(6) 插播式广告

插播式广告就是访客在请求登录网页时强制插入一个广告页面或弹出广告窗口，又称弹出式广告，这种广告的特点类似于电视广告，带有强迫性。插播式广告的尺寸有全屏的也有小窗口的，有静态的也有动态的，而且互动的程度也不同。缺点是可能引起浏览者的反感，但浏览者可以通过关闭窗口来关闭广告，而这一点电视广告是无法做到的。浏览者可以通过关闭窗口不看广告，但是它们的出现没有任何征兆，而且肯定会被浏览者看到。

(7) 富媒体广告

富媒体广告一般指使用浏览器插件或其他脚本语言、Java 语言等编写的具有复杂视觉效果和交互功能的网络广告，具备动画、互动、电子商务等功能。用户无须浏览广告商的网站，就能与广告本身直接发生作用。例如，设计一款有趣的游戏放置在网页上吸引浏览者去玩，当游戏结束后弹出注册窗口，然后通过电子邮件给浏览者发送更多产品信息。这种广告有很好的可测量性。富媒体广告表现形式多样、内容丰富、冲击力强，但是费用通常比较高。其效果一方面取决于站点的服务器端设置，另一方面取决于浏览器是否能查看。

(8) EDM 直投

通过 EDMSOFT、EDMSYS 向目标客户定向投放其感兴趣或者需要的广告及促销内容，以及派发礼品、调研问卷，并及时获得目标客户的反馈信息。

(9) 分类广告

互联网与报纸一样，也提供分类广告服务。这种广告方式对使用者相当重要，因为他们可以利用查询方式找到所需要的广告。

(10) 按钮广告

按钮广告也称图标广告，显示的只是公司（企业）或产品（品牌）的标志，点击相关标志可链接到广告主的站点。按钮广告有 4 种尺寸：方形按钮，125 像素×125 像素；按钮 1，120 像素×90 像素；按钮 2，120 像素×60 像素；小按钮，88 像素×31 像素。按钮广告一般是静态的形式，但也可以是动态的形式，其位置一般设在网页的两侧或下端。小按钮广告也称标识广告，大小一般为 2kB。

(11) 关键字广告

关键字广告与搜索引擎的使用紧密联系，是指网友在搜索引擎键入特定的关键字后，除了搜索结果之外，在上方的广告版位中即会出现预设的旗帜广告。这种广告形式充分利用了网络的互动特性，因此也称关联式广告。例如，网友在搜索引擎键入"面膜"的关键字后，即会跳出预设的有关品牌和产品广告。这种技术也可应用于搜索引擎的指定分类目录项。关键字广告的最大优点是有助于网站寻找目标群体，因此往往收费较高。

(12) 互动式游戏广告

互动式游戏广告是基于客户端软件的广告形式，在一段页面游戏开始、中间或结束的时候，广告都随之出现，并且可以根据广告主的产品要求为其量身定做一个专门表现其产品的互动游戏广告。互动式游戏广告形式多样，例如，圣诞节的互动游戏贺卡，在欣赏完整个贺卡之后，广告会作为整个游戏贺卡的结束页面出现。

3. 网络广告设计技巧

①抓住读者的注意力，否则网上漫游者很快就会进入其他链接。

②动态横幅比静态或单调的横幅更具优势。统计表明，动态图片的吸引力比静态画面高3倍，但是如果动态图片应用不当则会引起相反的效果，如太过花哨或文件过大影响下载速度。一般来说，468像素×60像素横幅的大小应该保持在10kB以下，最大也不能超过13kB。

③色彩搭配要有视觉冲击力，最好使用黄色、橙色、蓝色和绿色。

④横幅广告中最值得使用的词是"免费"。

⑤选择最合适自己的网站。如果是小公司或者是本地区域性的公司，那么对公司的产品和服务最有可能感兴趣的客户才是主要客户，因此应该挑选能够接触到这些客户的网站。

⑥横幅广告应使用如下主题：担心、好奇、幽默以及郑重承诺，广告中使用的文字必须能够引起访客的好奇和兴趣。

⑦人们点击横幅广告，更主要的原因可能是为了获得某种产品，而不是某家公司的信息。

⑧不要忘记在横幅广告中加上"click"或"按此"的字样，否则访问者会以为是一幅装饰图片。

⑨即使已经有了一个很好的横条广告也要经常更换图片。一般来说，一个广告放置一段时间以后，点击率开始下降，而当更换图片以后，点击率又会上升。

⑩把广告放在浏览器的第一屏，否则可能只有40%的访问者能看到。

⑪绝不要认为访问者知道下一步该怎么办。

⑫想获得更多的点击，就要提供访问者感兴趣的利益点。访问者之所以要点击标志广告，主要出于以下考虑：若点击，就能获得有价值的东西；若不点击，就会失去获得某种特殊产品或服务的机会。

⑬制作网页时，不仅要将网页制作得精美，而且还要考虑网络的传输率问题。不要在页面上放太多、太大的图片，因为图片占空间较大，传输起来比较慢，而一般的上网者对于网页显示超过一定时间限度的站点多会缺乏耐心而放弃查看，这样使企业的网页信息被查看的概率就大大减少。

⑭企业网站建立后，如果不进行系列的宣传策划活动，网页网站的被访问概率会很低，其利用效果也必然大打折扣。所以，企业必须通过各种渠道宣传自己的网址及电子邮箱。一般情况下，在不大幅增加额外宣传费用的情况下，可以采取以下途径：

● 在企业形象的视觉系统(CIS)上加企业网址和电子信箱，使受众在被动接收到这些信息后，再到网上查看信息。例如，公司在一些印刷品上印上网址和电子信箱，一些客户看到之后，很快就通过电子邮件与公司联系，寻求产品报价等方面信息。

● 在互联网上宣传。

● 在搜索引擎上登记。目前在互联网上存在一些搜索引擎站点。在这些站点有各种各样的分类信息，相当一部分上网者都是利用这些搜索引擎来主动地进行信息查询。如果事先在这些搜索引擎进行了较科学的登记，就很容易让客户看到企业的网页。一般情况下，这些搜索引擎下的企业有两种分类登记方法，即按地区和按行业，这样就有利于客户一步步地寻找。在进行企业及产品描述时，一定要注意关键字的描述。关键字描述得准确，客户在搜索中直接输入要寻找的产品时，就可以快速地查到企业信息。

• 利用横幅交换宣传。每条横幅是数据库的一个记录，可以根据随机命令或编号命令显示出来。每条横幅链接一个网页。利用横幅交换进行宣传，通常需要制作一条440像素×40像素的横幅图形，横幅要引人注意，促使人们点击该横幅从而访问你的网站、加入你网站的超文本文件，会主动发E-mail给你。

• 利用网络购物商场。有些网站可以提供收费的空间，让你出售自己的产品和设置通往你站点的链接，这些网点称为网络购物商场。网络购物商场的访问量很高。有些网络购物商场会向你提供另一幅网页，这些与你的主页链接，可以找到这类网络购物商场。

⑮加强意识，设置专业人员及时维护更新企业网页及回复各种信息。现阶段，有相当多的企业还没有意识到互联网对于企业的重要性。因此，企业要想充分利用互联网为其生产经营服务，就必须增强意识。企业要真正意识到企业信息化的必要性、可能性和良好的效益，认真研究本单位的实际情况，积极适应这一发展趋势。同时，通过各种渠道加紧培养专业人才、建立企业网站，并进行网上策划及网页更新维护等一系列工作，使客户更快、更好地了解信息并从网上收集更多信息，为企业带来无限商机。

4. 网络广告计费方式

(1) 按展示计费

①CPM广告(cost per mille, cost per thousand impressions)　每千次印象费用，即广告条每显示1000次(印象)的费用。CPM是最常用的网络广告定价模式之一。

②CPTM广告(cost per targeted thousand impressions)　经过定位的用户的千次印象费用(如根据人口统计信息定位)。

CPTM与CPM的区别在于，CPM是所有用户的印象数，而CPTM只是经过定位的用户的印象数。

(2) 按行动计费

①CPC广告(cost per click)　每次点击的费用，即根据广告被点击的次数收费。关键词广告一般采用这种定价模式。

②PPC广告(pay per click)　根据点击广告或者电子邮件信息的用户数量来付费。

③CPA广告(cost per action)　每次行动的费用，即根据每个访问者对网络广告所采取的行动收费。对于用户行动有特别的定义，包括形成一次交易、获得一个注册用户或者对网络广告的一次点击等。

④CPL广告(cost for per lead)　按注册成功支付佣金。

⑤PPL广告(pay per lead)　根据每次通过网络广告产生的引导付费。例如，广告客户为访问者点击广告完成了在线表单而向广告服务商付费。这种定价模式常用于网络会员制营销模式中为联盟网站制定的佣金模式。

(3) 按销售计费

①CPO广告(cost per order, cost per transaction)　根据每个订单或每次交易来收费。

②CPS广告(cost for per sale)　是指以实际销售产品数量来换算广告金额的一种方式。

③PPS广告(pay per sale)　根据网络广告所产生的直接销售数量而付费。

任务实施

1. 登录搜索引擎工具,查看广告分类。
2. 归纳不同广告类型的适用范围。
3. 为所在学校设计一则旗帜广告(电子图片形式)。
4. 对设计要点和使用元素进行说明。

任务 4-2 农林产品网络广告策划

任务目标

1. 了解网络广告策划的含义。
2. 掌握农林产品网络广告创意方法。
3. 掌握农林产品网络广告制作流程。

工作任务

通过对当地广告公司的参观实训,了解网络广告实施的具体流程,掌握网络广告实施过程中的关键环节,创作自己的网络广告并进行发布。

知识准备

1. 网络广告策划

(1) 内容

网络广告策划是指根据广告主的网络营销计划和广告目的,在市场调研的基础上对广告活动进行整体的规划或战略策略。网络广告策划是根据互联网及网络人群的特征,从全局角度所展开的一种运筹和规划,是网络广告活动的核心环节,包括 3 个方面的内容:

①网络广告目标策划 广告目标是整个网络广告策划的目的,也是网络运营商进行网络营销的根本想法和出发点。

②网络广告战略策划 这是网络运营商进行网络广告的客观把控。例如,选择什么类型的网站,采取什么类型的网络广告进行搭配,广告如何分配,广告费用如何分配等。

③网络广告战术策划 这是网络策划的细节内容,是网络执行的根本依据,包括:地域研究、广告目标对象分析、具体媒体选择、广告主题与基调的规划、广告时间确定、广告成本及预算等。

(2) 程序

网络媒体的特点决定了网络广告策划的特定要求。网络的高度互动性使网络广告不再只是单纯地创意表现与信息发布,广告主对广告回应度的要求会更高;网络的时效性非常重要，网络广告的制作时间短，上线速度快，受众的回应也是迅速的，广告效果的评估与广告策略的调整也都必须是即时的。因此，传统广告的策划步骤与网络广告有很大不同，网络广告的策划程序具体如下：

①确定网络广告目标　广告目标的作用是通过信息沟通使消费者产生对品牌的认识、情感、态度和行为的变化，从而实现企业的营销目标。在公司的不同发展时期有不同的广告目标，例如，产品广告在产品的不同发展阶段广告目标可分为提供信息、说服购买和提醒使用等。AIDA 法则是网络广告在确定广告目标过程中的规律：A 是"注意"（attention），消费者在计算机屏幕上通过对广告的阅读，逐渐对广告主的产品或品牌产生认识和了解；I 是"兴趣"（interest），广告受众注意到广告主所传达的信息之后，对产品或品牌产生了兴趣，想要进一步了解广告信息可以点击广告；D 是"欲望"（desire），感兴趣的广告浏览者对广告主通过商品或服务提供的利益产生"占为己有"的想法，他们必定会仔细阅读广告主的网页内容，这时就会在广告主的服务器上留下网页阅读记录；最后的 A 是"行动"（action），广告受众把浏览网页的动作转换为符合广告目标的行动，可能是在线注册、填写问卷参加抽奖或者是在线购买等。

②确定网络广告目标群体　简单来说就是希望让哪些人能看到网络广告，确定他们是哪个群体、哪个区域。只有让合适的用户来参与广告信息活动，才能有效地实现广告目标。

③进行网络广告创意及策略选择　一是要有明确有力的标题。广告标题最好是能够吸引消费者的带有概括性、观念性和主导性的一句话。二是广告信息要简洁。三是发展互动性，如在网络广告上增加游戏功能，提高访问者对广告的兴趣。四是合理安排网络广告发布的时间。网络广告的时间策划是其策略决策的重要方面，包括对网络广告时限、频率、时序及发布时间的考虑。时限是广告从开始到结束的时间长度，即企业的广告打算持续多久，这是广告稳定性和新颖性的综合反映；频率是指在一定时间内广告的播放次数，网络广告的频率主要用在 E-mail 广告形式上；时序是指各种广告形式在投放顺序上的安排；发布时间是指广告发布是在产品投放市场之前还是之后。根据调查，消费者上网活动的时间多在晚上和节假日。五是正确确定网络广告费用预算。公司首先要确定整体促销预算，再确定用于网络广告的预算。整体促销预算可以运用量力而行法、销售百分比法、竞争对等法或目标任务法来确定。而用于网络广告的预算则可依据目标群体情况及企业所要达到的广告目标来确定，既要有足够的力度也要以够用为度。六是设计好网络广告的测试方案。

④选择网络广告发布渠道及方式　网上发布广告的渠道和形式众多，各有利弊，企业应根据自身情况及网络广告的目标，选择网络广告发布渠道及方式。在目前，可供选择的渠道和方式主要有：

主页形式：建立自己的主页，对于企业来说是一种必然的趋势。它不但是企业形象的树立，也是宣传产品的良好工具，还是公司的标识，将成为公司的无形资产。

网络内容服务商（ICP）：如新浪、搜狐、网易等网站，它们提供了大量的互联网用户感兴趣并需要的免费信息服务，包括新闻、评论、生活、财经等内容，因此，这些网站的访问量非常大。目前，这样的网站是网络广告发布的主要阵地，在这些网站上发布广告的主要形式是旗帜广告。

专类销售网：这是一种专业类产品直接在互联网上进行销售的方式。消费者只要在一张表中填上自己所需商品的类型、型号、制造商、价位等信息，然后按一下搜索键，就可以得到所需要商品的各种细节资料。

企业名录：一些网络服务商或政府机构将一部分企业信息融入他们的主页中。例如，香港商业发展委员会的主页中就包括汽车代理商、汽车配件商的名录，只要用户感兴趣，就可以通过链接进入选中企业的主页。

免费的 E-mail 服务：在互联网上有许多服务商提供免费的 E-mail 服务，很多上网者都喜欢使用。利用这一优势，能够帮助企业将广告主动送至使用免费 E-mail 服务的用户手中。

黄页形式：在互联网上有一些专门用于查询检索服务的网站，如 360 导航等。这些站点就如同电话黄页一样，按类别划分，便于用户进行站点的查询。采用这种方法的好处：一是针对性强，查询过程都以关键字区分；二是醒目，处于页面的明显处，易于被查询者注意，是用户浏览的首选。

网络报纸或网络杂志：随着互联网的发展，国内外一些著名的报纸和杂志纷纷创建了自己的主页；更有一些新兴的报纸或杂志，放弃了传统的纸质媒体，完全成为一种"网络报纸"或"网络杂志"。其影响非常大，访问的人数不断上升。对于注重广告宣传的企业来说，在这些网络报纸或杂志上做广告，也是一个较好的传播渠道。

2. 农林产品网络广告创意

(1) 网络广告创意概念

在传统广告领域中有一句俗话——"说什么比怎么说更重要"，"说什么"的问题其实就是广告的创意问题。一个非常经典的广告哪怕它只播出过一次，也会因为互联网而不断转发，从而形成病毒营销；而如果广告内容太空泛、无味，可能需要一定数量的播放才能让观众记住。创意对传统广告而言如此重要，同样对网络广告也是如此。

创意就是构思，广告创意就是设计人员的整体构思。设计人员理念不同，其创意不同，产生的效果就不同。

(2) 网络广告创意基础

做好一个广告除了需要必要的设计技巧和技术之外，还需要一定的营销理念常识，必须建立在对产品本身的特点、目标市场、消费群体需求与兴趣等因素的调查与研究的基础上，才能获得成功。简而言之，广告创意的基础是人的实际需求。好的创意应该直指人心，让消费者为之心动。

(3) 网络广告创意前提

很多人在做广告创意的时候，往往是把广告当作一个艺术品来进行创作。好的广告创意是艺术品，但又不全是艺术品，它具有阐释和宣传产品或企业的功能，这就需要广告创意设计人员在一开始就确定好产品的定位。

产品定位是广告的诉求基点，是确定该产品在市场上的位置。没有产品定位，就不能决定营销计划的广告目标。只有把产品放在恰当的位置，才能确定广告创意的基本方针。产品恰当的定位能树立与强化一个与众不同的品牌形象，突出产品的特性，有效地引起消费者的注意，唤起共鸣。从消费心理来说，只有个性突出、不同一般的东西，才能打动人心；只有突出差异性，树立一个与竞争者不同的品牌形象，才有利于消费者识别、比较、接受。

(4) 广告创意通则

广告中信息的成功传递，往往首先作用于消费者的视觉、听觉，继而引发其心理感应，促进其一系列的心理活动，最终形成消费行动，达到广告的效果。网络广告创意遵循广告创意的一般原则：

① 创新性　广告创意需要创新，不改进或者一味复制他人永远不可能成为绝佳的作品。

② 简洁性　网络广告一定要简洁，设计风格也不能太花哨。

③ 及时性　网络是一个虚拟的平台，也是一个与时俱进的平台、一个变化莫测的平台。网络上的热点来得快去得也快，这就需要在做网络设计的时候，对网络热点及时争取，为我所用。

(5) 广告创意程序

目前，在广告界常见的创意程序有杨氏程序、奥氏程序、黄氏程序等，无论何种程序概括起来一般都要经过以下几个步骤：收集资料、消化资料、创意构思、导优求解。

知识链接

杨氏程序是美国著名广告大师杰姆斯·韦伯·杨在其所著的《创意法》一书中提出的，该程序有5个步骤：

(1) 收集资料——收集各方面的有关资料。

(2) 品味资料——在大脑中反复思考、消化收集的资料。

(3) 孵化资料——在大脑中综合组织各种思维资料。

(4) 创意诞生——心血来潮，灵感出现，创意产生。

(5) 定型实施——创意最后加工定型付诸实施。

奥氏程序是美国广告学家奥斯伯恩总结了几位著名广告设计家的创新思考程序而提出的，该程序基本有3个步骤：

(1) 查寻资料——阐明创新思维的焦点(即中心)；收集和分析有关资料。

(2) 创意构思——形成多种创意观念，并以基本观念为线索修改各种观念，形成各种初步方案。

(3) 导优求解——评价多种初步方案；确定和执行最优方案。

黄氏程序是中国香港一位广告学者黄沾先生提出来的，其程序为：

(1) 藏——收藏资料。

(2) 运——运算资料。

(3) 化——消化资料。

(4) 生——产生广告创意。

(5) 修——修饰所产生的创意。

3. 农林产品网络广告制作

网络广告制作就是通过多种技术和手段，如文字、图形、图像、声音、动画等，将广告构思和创意所要表现和传达的信息和内容形象化、具体化。一个完整的网络广告制作是一个相当复杂的过程，其流程可以细分为整体规划、图像制作、文案设计、技术开发、动画效果、声音特效等多个环节。

(1) 广告中色彩原理

在广告创作过程中，对色彩要求非常严格，画面能否吸引人主要由画面中的颜色搭配来决定。不同的颜色使产品在感官上有不同的感觉，不同的颜色对人的吸引力不同。就目前而言，自然界中的颜色可以分为非彩色和彩色两大类。非彩色是指黑色、白色和各种深浅不一的灰色，而其他颜色均属于彩色。任何一种彩色都具有3个属性：色相，也叫色泽，是颜色的基本特征，反映颜色的基本面貌；饱和度，也叫纯度，是颜色的纯洁程度；明度，也叫亮度，是体现颜色的深浅。

在广告制作过程中，创作者对色彩搭配非常严格，其原因在于不同色彩给人以不同的感觉。

①心理功能

冷暖感：红色、黄色、橙色等为暖色，使人感觉温暖；青色、蓝色、绿色为冷色，使人感觉清凉甚至寒冷。

兴奋沉静感：红色、橙色、黄橙色可以使人产生兴奋的感觉；绿色、青绿色、绿青色等可以令人沉静；黄色、青色的背景给人以安定、平稳的感觉。

膨胀收缩感：明亮度不同的色彩，可影响人们的面积感觉。明亮度高的色彩，会产生膨胀感，使人感觉面积大；而明亮度低的色彩会产生收缩感，使人感觉面积小。

前进后退感：色彩的明亮度和冷暖色，可使人感觉色彩位置前后变化，暖色和明亮度高的色彩具有前进的感觉，而冷色和明亮度低的色彩则具有后退的感觉。

轻重软硬感：明亮度高、色相冷的色彩给人轻飘的感觉；明亮度低、表面粗糙物上的颜色看起来厚重；中等纯度和中等明亮度的色彩感觉较软；单色和灰暗色感觉较硬。

②生理功能

红色：可以引起人们的注意，使人感觉兴奋、激动、紧张。

黄色：光感强，可以使人产生光明、希望、灿烂、辉煌、庄重、高贵以及柔和与纯净等感觉。

橙色：色性介于红色与黄色之间，可以使人产生温暖、明亮、健康、向上、华美、不安的感觉。

绿色：中性色可以用来表现和平、生命、希望、青春、活力、健康、兴旺等。

蓝色：在视网膜上成像的位置最浅，是最后退的远逝色，可以用来表现深远、崇高、沉着、冷静、神圣、纯洁以及阴郁、冷漠等。

紫色：令人产生忧郁、痛苦和不安的感觉，明亮度高的紫色可以使人产生神圣、高贵和温厚等感觉。

白色：是光明的象征色，可以用来表现纯洁、坚贞、光明、清凉、神圣、高雅、朴素等。

黑色：是无光色，多用来表现神秘、恐怖、阴森、忧伤、悲哀、肃穆、复古等。

灰色：对眼睛的刺激适中，可以使人产生柔和、安静、素雅、大方、谦虚、凄凉、失望、沉闷、寂寞等感觉。

③特定含义

红色：代表热情、奔放、喜悦、庆典。

黑色：代表严肃、夜晚、沉着。

黄色：代表高贵、富有。

白色：代表纯洁、简单。

蓝色：代表天空、清爽。

绿色：代表植物、生命、生机。

灰色：代表阴暗、消极。

在色彩定律上，网络广告除与传统广告有相似点之外，还有其特殊性。计算机屏幕的色彩是由RGB(红、绿、蓝)3种色光所合成的，我们通过调整这3个基色就可以调校出其他的颜色。在许多图像处理软件里，都有色彩调配功能，可输入3个基色的数值来调配颜色，也可直接根据软件提供的调色板来选择颜色。

(2)广告中文字要求

广告中对字体的要求主要体现在字体的大小和字体的类型上。为了使字体更加美观，在广告设计的过程中，设计人员往往会根据广告主题和创意要求进行字体设计，使字体具有更为良好的视觉传达效果和审美价值。

文字设计的成功与否，不仅在于字体自身的设计，同时也在于其运用的排列组合是否得当。广告版面只有文字排列组合恰当、符合视线流动的顺序，才会体现字体本身的美感，有效地表达主题，利于读者阅读，才能达到良好的视觉传达效果。因此，要创造良好的排列组合效果。

(3)网络广告文案写作

文案是介绍产品特性、吸引消费者关注的重要因素。在西方直复式营销理念中，文案是广告非常重要的一部分。一篇好的文案能决定广告的成败，特别是像报纸、杂志、户外等传统媒体广告，广告能否达成销售目的很大程度是由文案决定。文案包括标题、广告说明、广告标语。

📋 知识链接

广告文案赏析

1. 为自己谈个好价钱，生活里再也不关心价钱。——智联招聘
2. 为了下一代，我们决定拿起这一袋。——全联超市
3. 每个认真生活的人都值得被认真对待。——蚂蚁金服
4. 卸下你心里的围墙，你会发现生活的原味。——万科
5. 年轻就要醒着拼。——东鹏特饮
6. Yesterday you said tomorrow.——耐克
7. 妈妈的味道，是你回家的路标。——方太
8. 自律给我自由。——Keep

> 9. 离开了家，就开始回家。——归去来
> 10. 一生，活出不止一生。——人头马
> 11. 你懂得越多，能懂你的就越少。——江小白
> 12. 从知己，看见自己。——微醉
> 13. 我把所有人都喝趴下，就是为了和你说句悄悄话。——江小白
> 14. 有两样东西我不会错过——回家的末班车和尽情享受每一刻的机会。——德芙

4. 农林产品网络广告投放与监管

（1）网络广告投放渠道

当今社会，每个人都会面对无数的信息冲击，想要让自己的品牌产品被更多用户发现，成为热门信息，选择哪种方式投放是关键。目前，主流的信息流广告投放渠道包括付费渠道、赞助渠道、自媒体渠道和口碑渠道。

①付费渠道　主要有搜索与信息流广告、移动端投放和第三方渠道投放3种。

搜索与信息流广告：

- 搜索推广：又称竞价广告，常用的搜索引擎有百度、360、搜狗、QQ浏览器等。例如，在百度上搜索信息的时候，出现在首页排名靠前的广告。
- 信息流推广：如百度有百度APP、百度贴吧、好看视频等资讯平台，当用户在这些平台看新闻、刷视频的时候，可能会刷到一条广告，这条广告就是信息流广告。
- 开屏推广：又称启动页广告，即打开某软件时立即出现的广告，一般为3~10秒，展示完毕后，自动关闭，并进入APP主页面。如打开"墨迹天气"查看天气预报时出现的广告。

移动端投放：移动端主要指APP与小程序。以APP为例，可通过APP排行榜，判断和选择相对应的APP，然后进行广告投放。例如，可在百度搜索"艾瑞APP指数"，通过榜单数据，选择适用的APP进行广告投放。投放入口，可以通过官方网站或下载APP，找到官方账号或联系方式，直接谈合作；甚至有些APP，如头条、抖音、快手等，都有自主广告投放入口，直接开户，充值后，就可以进行广告投放。

第三方渠道投放：通过一些数据分析网站，如西瓜数据、飞瓜数据、新榜等，可以找到公众号、微博、知乎、小红书、抖音、快手等平台各个细分领域的头部流量大账号洽谈合作，如朋友圈推广、公众号发推文、直播打榜推广或者信用背书等。

各大论坛，如豆瓣、知乎、QQ空间、天涯。社交群的标签非常清晰，容易找到目标用户，但是对广告的抵触也很强烈，需要软营销，耗时耗力。社群渠道能帮助企业针对核心目标用户群进行集群式轰炸，制造热点，形成现象级的事件。

②口碑渠道　通过明星、媒体、独立用户在社交平台、微博、论坛、新闻网站提及产品并给予正面评价，能迅速获得大量曝光，并大大提升产品的转化率。口碑渠道是企业传播的加速器，自媒体输出有价值的内容，口碑渠道将其进一步放大。

（2）网络广告监管

为规范互联网广告活动，促进互联网广告健康发展，保护消费者的合法权益，维护公平竞争的市场经济秩序，发挥互联网广告在社会主义市场经济中的积极作用，依据《中华

人民共和国广告法》《中华人民共和国消费者权益保护法》《中华人民共和国反不正当竞争法》《互联网信息服务管理办法》等相关法律、法规的有关规定,制定了《互联网广告监督管理暂行办法》。

任务实施

1. 参观某广告公司广告制作、监测过程,撰写体会。
2. 根据实际情况自己创作两个网络广告,完成网络广告的制作并写上广告词。利用互联网的免费服务将广告发布出去(至少采用3种方法),回收并统计发布出去的广告效果。撰写1000~1500字的总结报告。

任务4-3 农林产品网络广告效果评估

任务目标

1. 掌握网络广告策划的流程和方法。
2. 掌握广告定位与创意策略的方法和技巧。
3. 掌握网络广告效果评估的方式和具体指标。

工作任务

各小组在广告调研的基础上进行网络广告策划,进行广告定位设计,制定广告诉求策略,设计广告创意策略、媒介策略,制定广告预算,撰写广告策划书。

知识准备

1. 农林产品网络广告效果评估指标

网络广告效果评估指标有点击率、二跳率、业绩增长率等。广告主、网络广告代理商和服务商可结合自身广告效果评估的要求,运用这些指标进行效果综合评估。

(1)点击率

点击率是指网上广告被点击的次数与被显示次数之比,是网络广告最直接、最有说服力的评估指标之一。点击行为表示准备购买产品的消费者对产品感兴趣的程度,因为点击广告者很可能是受广告影响而形成购买决策的客户,或者是对广告中的产品或服务感兴趣的潜在客户即高潜在价值的客户。如果能够准确识别出这些客户,并针对他们进行有效的定向广告和推广活动,可以对业务开展有很大的帮助。

(2)二跳率

二跳量与到达量的比值称为广告的二跳率,该值初步反映广告带来的流量是否有效,同时也能反映出广告页面的哪些内容是购买者所感兴趣的,进而根据购买者的访问行径来优化广告页面,提高转化率和线上交易额,大大提升了网络广告投放的精准度,并为下一次的广告投放提供指导。

(3) 业绩增长率

对一部分直销型电子商务网站，评估它们所发布的网络广告最直观的指标就是网上销售额的增长情况，因为网站服务器端的跟踪程序可以判断买主是从哪个网站链接而来、购买了多少产品、购买了什么产品等情况，从而对广告的效果有了最直接的体会和评估。

(4) 回复率

回复率包括网络广告发布期间及之后一段时间内客户表单提交量，公司电子邮件数量的增长率，收到询问产品情况或索要资料的电话、信件、传真等的增长情况等，回复率可作为辅助性指标来评估网络广告的效果，但需注意回复率是由于看到网络广告而产生的回复。

(5) 转化率

"转化"被定义为受网络广告影响而形成的购买、注册或者信息需求。有时，尽管消费者没有点击广告，但仍会受到网络广告的影响而在后期购买商品。

2. 农林产品网络广告效果评估方式

(1) 访问统计软件

使用一些专门的软件，可随时监测广告发布的情况，并能进行分析、生成相应报表，而且广告主可以随时了解在什么时间、有多少人访问过载有广告的网页，有多少人通过广告直接进入到广告主自己的网站等。

(2) 利用广告管理软件

可从市场研究监测公司购买或委托软件公司专门设计适合自己需要的广告管理软件，用以对网络广告进行监测、管理与评估。

(3) 分析反馈情况

可以通过统计 HTML 表单的提交量以及电子邮件的数量在广告投放后是否大量增加来判断广告投放的效果。如果投放之后目标受众的反映比较明显，反馈大量增加，则可以认为广告的投放是成功的。一般而言，成功的网络广告具有以下特征：从外界发回企业的电子邮件数量增加 2~10 倍；在 2~3 个月的周期内，向企业咨询广告内容的电子邮件和普通信件明显增多；广告发布后 6 个月至 2 年，由广告带来的收益开始超过广告支出。

3. 农林产品网络广告效果评估意义

(1) 完善广告计划

通过网络广告效果的评估，可以检验原来预定的广告目标是否正确，网络广告形式是否运用得当，广告发布时间和网站的选择是否合适，广告费用的投入是否经济合理等。从而可以提高制订网络广告活动计划的水平，争取更好的广告效益。

(2) 提高广告水平

通过收集消费者对广告的接受程度，鉴定广告主题是否突出，广告诉求是否针对消费者的心理，广告创意是否吸引人，广告效果是否良好，从而可以改进广告设计，制作出更好的广告作品。

(3) 促进广告业务

网络广告效果评估能客观地肯定广告所取得的效益，可以增强广告主的信心，使广告企业更精心地安排广告预算，同时广告公司也容易争取广告客户，从而促进广告业务的发展。

4. 农林产品网络广告效果评估原则

(1) 相关性原则

相关性原则要求网络广告效果评估的内容必须与广告主所追求的目的相关，例如，若广告的目的在于推出新产品或改进原有产品，那么广告评估的内容应针对广告受众对品牌的印象；若广告的目的在于在已有市场上扩大销售，则应将广告评估的内容重点放在受众的购买行为。

(2) 有效性原则

评估工作必须要以具体的、科学的数据结果而非虚假的数据来评估广告的效果，掺入了很多水分的高点击率等统计数字用于网络广告的效果评估是没有任何意义的，是无效的。这就要求采用多种评估方法，多方面综合考察，使对网络广告效果进行评估得出的结论更加有效。

任务实施

1. 制订广告目标。
2. 广告定位策略设计，包括以下内容：
(1) 目标顾客的需求分析。
(2) 本企业的产品特点（与竞争对手的差异）。
(3) 广告定位策略。
(4) 广告诉求策略。
3. 广告创意表现策略设计。
4. 广告媒介策略设计，包括以下内容：
(1) 广告媒介的选择。
(2) 广告媒介的组合。
5. 广告预算制订。
6. 撰写广告策划书。

项目5 农林产品网络营销策略

农林产品网店建设完成后,就要开始进行网店的运营推广。网店运营推广就是以互联网为基础,凭借互联网信息平台和网络媒体的广泛传播性来达到营销目的。本项目主要通过介绍网店运营推广的具体方法与操作技术,使学生具备一定的网络营销推广能力。

学习目标

>> 知识目标
1. 熟悉各种网络推广的工具,能够辨析不同推广工具适用的情景。
2. 掌握各种网络推广工具的相关知识以及操作步骤和技巧。

>> 能力目标
1. 会利用各种平台进行网络推广。
2. 会设计有效的、针对性的网络推广方案。
3. 会运用多种网络推广方式进行网络营销。

>> 素质目标
1. 树立正确的世界观、人生观、价值观。
2. 建立市场法治观念,遵循行业规范。
3. 塑造网络营销师的使命感和社会责任感。
4. 遵守网络营销师的职业道德和职业规范。

知识体系

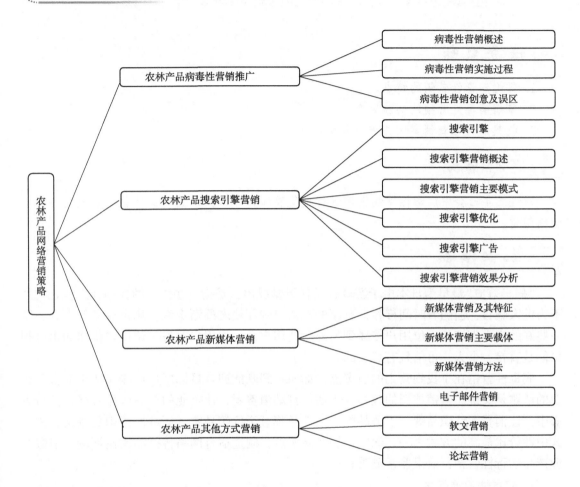

案例导入

网络营销的困惑

小张参加创业培训班课程后立即投入到自己的网络店铺建设中,在众多的产品项目中,经过仔细斟酌,小张最终选择销售自家种植的苹果。可是三个月过去了,小店仅成交了几笔交易,而且都是自己的朋友进行的消费,页面浏览次数少之甚少,页面停留时间也非常短,小张陷入了困境。

案例思考:

从上面的描述我们可以看出小张的网店浏览人数较少,而且都是自己的朋友,这说明他只向自己的朋友推荐了网店,其他的消费者并不知道该网店。如何才能将自己的网店推荐给目标消费者?这是本章所要学习的内容,通过对本章的学习可以掌握多种网店推广方式为自己的网店助力。

任务 5-1 农林产品病毒性营销推广

任务目标

1. 掌握病毒性营销的特点。
2. 掌握病毒性营销的实施要素。
3. 收集病毒性营销案例并进行分析。

工作任务

对近三年社会中病毒性营销案例进行搜集整理并分享,掌握病毒性营销实施的步骤与营销创意。

知识准备

"病毒效应"最早为日本电子游戏公司任天堂提出,是指一些优秀的作品在发售之初并不为世人瞩目,但随着时间推移,玩家的不俗口碑却使之逐渐走红。病毒性营销方式,即一些好的产品直接从一位用户传播到另外一位用户,一位用户对另一位用户传递的讯息很可能是直接、个人、可信且有意义的。

病毒性营销在于找到营销的引爆点,如何找到既能迎合目标用户口味又能正面宣传企业的话题是关键。营销技巧的核心在于如何打动消费者,让企业的产品或品牌深入消费者心中,让消费者认识品牌、了解品牌、信任品牌直至依赖品牌。病毒性营销是网络营销方式中性价比最高的方式之一,深入挖掘产品卖点,制造适合网络传播的舆论话题。引爆企业产品病毒性营销,效果非常显著。

1. 病毒性营销概述

(1)病毒性营销概念

病毒性营销是一种常用的网络营销方法,常用于进行网店推广、品牌推广等。病毒性营销并非真的以传播病毒的方式开展营销,而是通过用户的口碑宣传网络,信息像病毒一样传播和扩散,利用快速复制的方式传向数以千计、百万计的受众。病毒性营销并不是传播病毒,而是一种信息传递战略。

病毒性营销是通过他人利用数字媒体资源等,让企业的营销信息像病毒一样传播和扩散的营销方式,即通过提供有价值的信息和服务,利用用户之间的主动传播来实现网络营销信息传递的目的。

网络技术的发展,使得网络拥有庞大的受众群体和针对性较强的目标消费者,越来越多的企业以网络营销的形式参与到市场竞争当中。同时,实践的过程也对传统的营销理论烙上了网络时代的印记,丰富了它的内涵。

(2)病毒性营销特点

①有吸引力的话题 既然是病毒性营销,那么首先必须要有一个"病毒"用于传播。制

造一个话题作为病毒，看起来很简单，似乎只要是人们感兴趣的话题即可。但其实不然，如果目标消费者不能从为商家免费传递信息中获利，他们为什么自愿提供传播渠道？原因在于传播者传递给目标群的信息不是赤裸裸的广告信息，而是经过加工的、具有很大吸引力的产品和品牌信息，这样才能突破消费者的戒备心理，促使其完成从纯粹受众到积极传播者的转变。

网络上盛极一时的"流氓兔"证明了"信息伪装"在病毒性营销中的重要性。韩国动画新秀金在仁为一档儿童教育节目设计了一个新的卡通兔形象。这只兔子思想简单、诡计多端、只占便宜不吃亏，然而正是这个充满缺点、活该被欺负的弱者反而成了偶像明星。它挑战已有的价值观念，反映了大众渴望摆脱现实、逃脱制度限制所付出的努力与遭受的挫折。流氓兔的 Flash 出现在各 BBS、Flash 站点和门户网店，私底下网民们还通过聊天工具、电子邮件进行传播。如今网络给这个虚拟明星衍生出的商品已经达到 1000 多种，成为病毒性营销的经典案例。

②几何倍数的传播速度　长期以来，大众媒体发布广告的营销方式是"一点对多点"的辐射状传播，实际上这种营销方式无法确定广告信息是否真正到达了目标受众。病毒性营销是自发的、扩张性的信息推广，是通过类似于人际传播和群体传播的渠道，产品和品牌信息被消费者传递给那些与他们有着某种联系的个体。例如，当目标受众读到一则有趣的视频，他的第一反应或许就是将其转发给好友、同事，这就导致视频以几何倍数的速度传播。

③高效率的接收　大众媒体投放广告有一些难以克服的缺陷，如信息干扰强烈、接收环境复杂、受众戒备抵触心理严重。而对于那些有趣的"病毒"，是受众从熟悉的人那里获得或是主动搜索而来的，在接受过程中自然会有积极的心态；接收渠道也比较私人化，如微信、QQ、电子邮件等。病毒性营销尽可能地克服了信息传播中的噪声影响，增强了传播的效果。

④不可忽略的隐性成本　病毒性营销的实施过程通常是无须费用的，但设计病毒性营销方案是需要成本的。病毒性营销通常不需要为信息传播直接付费，但病毒性营销方案不会自动产生，需要根据病毒性营销的基本思想认真设计，在这个过程中必然需要一定的资源投入。因此，不能把病毒性营销理解为不付费的网络营销，尤其在制订网店推广计划时应充分考虑到这一点。此外，并不是所有的病毒性营销方案都可以获得理想的效果，这也可以理解为病毒性营销的隐性成本。

2. 病毒性营销实施过程

病毒性营销的价值是巨大的，一个好的病毒性营销远远胜过投放大量广告所获得的效果。但病毒性营销并不是随便可以做好的，有些看起来很好的创意或者很有吸引力的服务，最终并不一定会获得预期的效果。如何才能取得病毒性营销的成功呢？在实施病毒性营销的过程中，一般都需要经过方案的规划和设计、信息源和传递渠道的设计、原始的信息的发布和推广、效果跟踪管理等基本步骤。只有认真对待每个步骤，病毒性营销才能最终取得成功。

①病毒性营销方案的整体规划　确认方案符合病毒性营销的基本思想，即传播的信息和服务对用户是有价值的，并且这种信息易于被用户自行传播。

②设计独特的创意和营销方案　有效的病毒性营销往往是独创的。有独创性的计划最有价值，跟风型的计划有些也可以获得一定效果，但要做相应的创新才更吸引人。病毒性营销之所以吸引人就在于创新性。在设计方案时，一个特别需要注意的问题是，如何将信息传播与营销目的结合起来。如果仅仅是为用户带来娱乐价值（如一些个人兴趣类的创意）或者实用功能、优惠服务而没有达到营销的目的，这样的病毒性营销计划对企业的价值就不大。反之，如果广告气息太重，可能会引起用户反感而影响信息的传播。

③设计信息源和信息传播渠道　虽然病毒性营销信息是由用户自行传播，但是这些信息源和信息传递渠道也需要进行精心的设计。例如，要发布一个节日祝福的动画，先要对其进行精心策划和设计，使其看起来更加吸引人，并且让人们愿意传播。营销仅仅做到这一步是不够的，还需要考虑这种信息的传递渠道，是让用户在某个网店下载（主要是让更多的用户传递网址信息），还是用户之间直接传递文件（通过电子邮件、聊天工具等），或者是这两种形式的结合，这就需要对信息源进行相应的配置。

④原始信息的发布和推广　最终的大范围信息传播是从较小范围开始的，如果希望病毒性营销可以很快传播，那么对于原始信息的发布需要经过认真筹划。原始信息应该发布在用户容易发现，并且乐于传递这些信息的地方（如活跃的网络社区），如果有必要，还可以在较大的范围内主动传播这些信息，等到自愿参与传播的用户数量比较多之后，再让其自然传播。

⑤对病毒性营销的效果进行跟踪和管理　当病毒性营销方案设计完成并开始实施之后，最终效果实际上我们是无法控制的，但并不是说就不需要进行营销效果的跟踪和管理。实际上，对于病毒性营销的效果分析是非常重要的，不仅可以及时掌握营销信息传播所带来的反应（如网店访问量的增加），也可以从中发现这项病毒性营销计划可能存在的问题以及可能的改进思路，将这些经验积累起来为下一次病毒性营销计划提供参考。

3. 病毒性营销创意及误区

病毒性营销经过多年的发展，营销的推广效用被营销人员所熟知，人们尝试通过创建病毒性营销达到营销目标，但在实际工作中，创建一个真正意义上的病毒性营销策略并不容易。多数使用病毒营销的商业实践一味追求"病毒性"的效果，甚至接近于实际意义上的病毒传播，但产品和服务缺乏真正能够满足消费者的价值，同时并没有好的创意，不仅不能达到营销的目的，甚至还会严重危害公司的声誉。

（1）对病毒性营销认识的误区

实践发现，一些营销人员为采用病毒性营销而费尽心机，甚至以此作为目标，这无异于舍本逐末。同时，也出现了一些肤浅的认识，认为只要引导消费者将其网址、优惠活动、商业信息进行分享，获得消费者信息，就是病毒性营销。病毒性营销的实质是利用他人的传播渠道或行为，自愿将有价值的信息在更大范围内传播。如果提供的信息或其他服务没有价值，无论如何哀求或者恐吓，都不会产生真正的病毒性效果。另外，病毒性营销给人的感觉是一定要在很大的范围内传播，其实，并不是每个网店的信息都可以或者有必要让所有人都知道。

(2)病毒性营销中的"创意"

在使用免费邮件发送信息时,免费邮件提供商会自动在信件结尾附上"欢迎使用××免费邮件"之类的信息,带有一定的强制性。严格来说,这与病毒性营销的精髓有所冲突,那么有没有一种方法,能够让用户将信息原封不动地转发给他人呢?

有一段时间,在QQ用户中广泛流传一个关于黑客的传闻:某黑客组织将在不久之后的某一天摧毁所有在线用户的系统,请尽量不要上线并请大家相互转告。讨论过这一消息的可靠性,大家几乎一致认为是出自某人的玩笑,然而仍然有许多人转发该信息。这种信息之所以可以传播开来,因为其中潜在的价值是:如果消息可靠,可以保护自己或朋友的系统不受侵害。这种方式虽然不是一个特定的病毒性营销实例,但是其中却包含着一定的病毒性营销意识。而且,这种方式比"请将此信转发给10个同事或朋友,否则将大祸降临"之类带有威胁性的信息传播思路要略胜一筹。

使用QQ的用户是一些使用即时信息交流的特定群体,虽然他们的细分特征并不明确,但从上述例子中还是可以受到一定的启发,即在设计病毒性营销方案的时候,可以将目标锁定在一定的范围之内,如一个网店的某一频道的用户、某个专业论坛的访问者等,只要这个范围内的用户是目标用户或其中的一部分,信息的有效传播同样可以获得理想的宣传效果。

 案例

《啥是佩奇》

《啥是佩奇》是电影《小猪佩奇过大年》的宣传片,2019年1月17日播出后迅速形成病毒式传播。一夜之间,《啥是佩奇》成功占领了朋友圈。也许你没有看过小猪佩奇,但你一定听过"佩奇"的大名。

要说"佩奇"为什么刷屏,互联网行业专家包冉和央广财经评论员王冠曾经在《央视财经评论》做过深度解析。

"小猪"那么多,火的为啥是"佩奇"?主要原因有以下两方面:

(1)"佩奇"是IP,春节是更大的IP,相得益彰

说起《小猪佩奇》,成年人的眼中可能是一部充满童趣的动画片,单单就这部动画片来说,可能更容易受到小朋友的喜欢,对于成年人而言不一定有很强的吸引力。那为什么"佩奇"能够成功占领成年人的朋友圈呢?很重要的一个原因在于春节这个节点,父母带着小朋友看电影的首选就是《啥是佩奇》,"佩奇"与春节这两个IP产生了叠加反应,形成了一个全民娱乐的盛况。

(2)心中最柔软之处成就最强传播支点

《啥是佩奇》这部宣传片讲述的是亲情、家庭、乡愁的内容,在春节这个团圆的日子,可以说是触动了人们心中最柔软的地方,无论我们在外打拼多辛苦,乡情都是相同的,而《啥是佩奇》正是将这种情感表现了出来。

《啥是佩奇》火了之后,"配齐"也火了,互联网营销人员巧妙地运用了"佩奇"的谐音,将"配齐"元素融入自己的营销当中。

任务实施

1. 在班级中进行分组，每组4人，通过网络、书籍、专业网站进行病毒性营销案例搜集。每组抽签决定搜集案例的年份。
2. 将搜集的案例进行评比，选择比较典型的3~5个本年度经典病毒性营销案例。
3. 小组中每个人选择一个案例，分析该案例中病毒性营销的基本要素、该企业是如何实施病毒性营销的、该案中病毒性营销的创意是什么。
4. 撰写案例分析报告，并制作汇报PPT。
5. 小组成员之间进行汇报、点评。
6. 在班级中进行汇报、评比。

任务5-2 农林产品搜索引擎营销

任务目标

1. 掌握搜索引擎营销实施的技术步骤。
2. 能够准确实施搜索引擎营销，并对搜索引擎营销效果进行评价。

工作任务

1. 分组讨论，以"吉县红富士""烟台红富士""洛川红富士"为关键词进行百度搜索，分析哪一个搜索引擎营销做得较为成功，并撰写调研报告。
2. 针对山西的名优农、林产品（如吕梁野山坡）如何开展搜索引擎营销，撰写建议方案。

知识准备

随着现代社会互联网的迅速发展，能够接触到互联网的人越来越多。这些网民需要查找东西的时候，只要打开百度或者搜狗等，在搜索框内输入自己需要查找的内容，再按回车键，便可以查到千千万万个结果，网民所广泛使用的这个工具就是搜索引擎。那么，搜索引擎是如何发展起来的呢？

第一代：分类目录时代。大家是否在搜索引擎首页设置过导航网站这个网址作为自己的首页呢？这个网址就是搜索引擎第一代的代表。我们可以从这个导航网站里看到，里面几乎都是一些分类网址，互联网上的网址在这个网站里面都一应俱全。这个导航网站也称分类目录网站，用户可以从这个分类目录里找到自己想要的东西。

第二代：文本检索时代。到了这一代，搜索引擎查询信息的方法则是将用户所输入的查询信息提交给服务器，服务器通过查阅，返回给用户一些相关程度高的信息。

第三代：整合分析时代。将用户输入关键字后反馈回来的海量信息，智能整合成一个门户网站式的界面，让用户感觉每个关键字都是一个完整的信息世界。第三代搜索引擎的典型特征就是将第二代搜索引擎返回的信息智能整合为立体界面，让用户能轻而易举地进入到最相关的分类区域去获取信息。

第四代：用户中心时代。当用户输入查询请求时，同一个查询请求关键词对于不同用户可能是不同的查询要求。第四代搜索引擎主要是以用户为中心，从用户所输入的一个简短关键词来判断用户的真正查询请求。

第五代：生活生态圈。这是基于物联网的搜索，物联网搜索拥有更广阔的搜索空间，其最典型的应用就是找东西。例如，远程看管小孩、老人，或搜索走失的小孩；包括精确到厘米的 GPS 定位，比如你去一个陌生的地方，找厕所、找窗口甚至找警察。同时，不仅仅是你找东西，甚至还有可能是东西找你，例如，泊车后超过某个时间点，车主动呼叫你；饭煮好了，电饭煲呼叫你；提前打开空调使室温达到预定温度后，空调呼叫你，等等。

1. 搜索引擎

(1) 搜索引擎概念

搜索引擎营销(search engine marketing，SEM)，就是根据用户使用搜索引擎的方式，利用用户检索信息的机会尽可能将营销信息传递给目标用户。简单来说，搜索引擎营销就是基于搜索引擎平台的网络营销，利用人们对搜索引擎的依赖和使用习惯，在人们检索信息的时候将信息传递给目标用户。搜索引擎营销的基本思想是让用户发现信息，并通过点击进入网页，进一步了解所需要的信息。企业通过搜索引擎付费推广，让用户可以直接与公司客服进行交流、了解，实现交易。

(2) 搜索引擎分类

搜索引擎按其工作方式主要分为 3 种，分别是全文搜索引擎(full text search engine)、目录索引搜索引擎(search index/directory)和元搜索引擎(meta search engine)。

①全文搜索引擎　是通过一种称为"蜘蛛"的程序自动在互联网上提取各个网店的信息来建立自己的数据库，并能检索与用户查询条件相匹配的记录，按一定的排列顺序返回结果。全文搜索引擎是名副其实的搜索引擎。

根据搜索结果来源的不同，全文搜索引擎可分为两类：一类是拥有自己的检索程序，俗称"蜘蛛"程序或"机器人"程序，能自建网页数据库，搜索结果直接从自身的数据库中调用，谷歌和百度就属于此类；另一类则是租用其他搜索引擎的数据库，并按自定义的格式排列搜索结果，如 Lycos(搜索引擎最早提供信息搜索的服务网站)。

搜索引擎的自动信息搜索功能分为两种：一种是定期搜索，即每隔一段时间(如谷歌一般是 28 天)，蜘蛛搜索引擎主动派出"蜘蛛"程序，对一定 IP 地址范围内的互联网店进行检索，一旦发现新的网店就会自动提取该网店的信息和网址加入自己的数据库；另一种是提交网店搜索，即网店拥有者主动向搜索引擎提交网址，搜索引擎在一定时间内(2 天到数月不等)定向向该网店派出"蜘蛛"程序，扫描网店并将有关信息存入数据库，以备用户查询。

当用户以关键词查找信息时，搜索引擎会在数据库中进行搜寻，如果找到与用户要求内容相符的网店，便采用特殊的算法，通常根据网页中关键词的匹配程度、出现的位置与频次、链接质量，计算出各网页的相关度及排名等级，然后根据关联度高低，按顺序将这些网页链接返回给用户。这种搜索引擎是查全率比较高。

②目录索引搜索引擎　是通过人工方式或半自动方式搜索信息，由人工编辑形成信息摘要并将信息置于事先确定的目录索引中。

目录索引搜索引擎中的数据是各个网店提交的，它就像电话号码簿一样，按照各个网店的性质，把其网址分门别类排在一起，大类包含小类，一直到各个网店的详细地址，一般还会提供各个网店的内容简介。用户不使用关键字也可进行查询，只要找到相关目录，就可以找到相关的网店（注意是相关的网店，而不是这个网店上某个网页的内容）。这类搜索引擎往往也提供关键字查询功能，但在查询时只能按照网店的名称、网址、简介等内容进行查询，所以它的查询结果也只是网店的 URL 地址，不能查到具体的页面。这类搜索引擎的数据一般由网店提供，因此，搜索结果并不完全准确，不是严格意义上的搜索引擎。与全文搜索引擎相比，目录索引搜索引擎有以下不同之处：

- 全文搜索引擎属于自动网店检索，而目录索引搜索引擎则完全依赖手工操作。用户提交网店后，目录编辑人员会浏览相关网店，然后根据一套自定义的评判标准甚至编辑人员的主观印象，决定是否接纳。
- 全文搜索引擎收录网店时，只要网店本身没有违反有关规则，一般都能登录成功；而目录索引搜索引擎对网店的要求则高得多，有时即使登录多次也不一定成功。
- 在登录全文搜索引擎时，一般不用考虑网店的分类问题；而登录目录索引搜索引擎时则必须将网店放在一个最合适的目录中。
- 全文搜索引擎中各网店的有关信息都是从用户网页中自动提取的，所以从用户的角度看，拥有更多的自主权；而目录索引搜索引擎则要求必须手工填写网店信息，而且还有各种各样的限制。另外，如果工作人员认为提交的网店目录、网店信息不合适，工作人员可以随时对其进行调整。

目前，全文搜索引擎与目录索引搜索引擎有相互融合渗透的趋势。原来一些纯粹的全文搜索引擎现在也提供目录搜索，如谷歌就借用 Open Directory 目录提供分类查询；而像雅虎这种目录索引搜索引擎则通过与谷歌等搜索引擎合作，扩大搜索范围。在默认搜索模式下，一些目录索引搜索引擎首先返回的是自己目录中匹配的网店，如中国的搜狐、新浪、网易等；而另外一些则默认的是网页搜索，如雅虎。

③元搜索引擎　元搜索是对于搜索引擎的搜索。在元搜索引擎中输入一个关键词，元搜索就会将搜索请求发送至多个搜索引擎，并根据一定的算法对这些搜索引擎返回的结果进行排序，呈现给用户，如 360 搜索就是元搜索引擎的典型代表。此外，元搜索引擎还有去重的功能，做到全面而不重复。

一个真正的元搜索引擎由三部分组成，即检索请求提交机制、检索接口代理机制和检索结果显示机制。"请求提交"负责实现用户"个性化"的检索设置要求，包括调用哪些搜索引擎、检索时间限制、结果数量限制等；"接口代理"负责将用户的检索请求"翻译"成满足不同搜索引擎"本地化"要求的格式；"结果显示"负责所有元搜索引擎检索结果的去重、合并、输出处理等。元搜索引擎，对于那些需要连续使用不同搜索引擎重复相同的检索来说，是一个福音。使用元搜索引擎同时对几个搜索引擎进行检索，获得分级编排的检索结果。

2. 搜索引擎营销概述

(1) 概念

搜索引擎营销(search engine marketing, SEM)就是根据用户使用搜索引擎的方式,利用用户检索信息的机会尽可能地将营销信息传递给目标用户。

(2) 特征

①搜索引擎营销方法与企业网站密不可分　一般来说,搜索引擎营销作为网站推广的常用方法,在没有建立网站的情况下很少被采用(有时也可以用来推广网上商店、企业黄页等)。搜索引擎营销需要以企业网站为基础,企业网站设计的专业性对搜索引擎营销的效果产生直接影响。

②搜索引擎传递的信息只发挥向导作用　搜索引擎检索出来的是网页信息的索引,一般只是某个网站或网页的简要介绍,或者是搜索引擎自动抓取的部分内容,而不是网页的全部内容,因此这些搜索结果只能发挥一个"引子"的作用。如何尽可能地将有吸引力的索引内容展现给用户,是否能吸引用户根据这些简单的信息进入相应的网页继续获取信息,以及该网站或网页是否可以给用户提供其所期望的信息,这些就是搜索引擎营销需要研究的主要内容。

③搜索引擎营销是用户主导的网络营销方式　没有哪个企业或网站可以强迫或诱导用户的信息检索行为,使用什么搜索引擎、通过搜索引擎检索什么信息完全是由用户自己决定的,在搜索结果中点击哪些网页也取决于用户的判断。因此,搜索引擎营销是由用户所主导的,最大限度地减少了营销活动对用户的滋扰,符合网络营销的基本思想。

④搜索引擎营销可以实现较高程度的定位　网络营销的主要特点之一是可以对用户行为进行准确分析并实现高度定位,搜索引擎营销在用户定位方面具有更好的功能,尤其是在搜索结果页面的关键词广告,完全可以实现与用户检索所使用的关键词高度相关,从而提高营销信息被关注的程度,最终达到增强网络营销效果的目的。

⑤搜索引擎营销效果表现为网站访问量的增加而不是直接销售　搜索引擎营销的使命是获得访问量,因此是网站推广的主要手段。至于访问量是否可以最终转化为收益,不是搜索引擎营销可以决定的,这说明,提高网站的访问量是网络营销的主要内容,但不是全部内容。

⑥搜索引擎营销需要适应网络服务环境的发展变化　搜索引擎营销是搜索引擎服务在网络营销中的具体应用,在应用方式上依赖于搜索引擎的工作原理、提供的服务模式等,当搜索引擎检索方式和服务模式发生变化时,搜索引擎营销方法也应随之变化。因此,搜索引擎营销方法具有一定的阶段性,与网络营销服务环境的协调是搜索引擎营销的基本要求。

(3) 搜索引擎营销基本原理

搜索引擎营销得以实现的基本过程如下:

①企业将信息发布在网店上成为以网页形式存在的信息源。

②搜索引擎将网店或网页信息收录到索引数据库。

③用户利用关键词进行检索(对于分类目录则是逐级目录查询)。

④检索结果中罗列相关的索引信息及其链接网址。

⑤根据用户对检索结果的判断选择有兴趣的信息并点击网址进入信息源所在的网页。

通过以上5个步骤便完成了企业从发布信息到用户获取信息的整个过程，这个过程也说明了搜索引擎营销的基本原理和基本过程。

(4) 搜索引擎营销任务

根据搜索引擎营销的基本原理，搜索引擎营销之所以能够实现，需要有5个基本要素：信息源（网页）、搜索引擎信息索引数据库、用户的检索行为和检索结果、用户对检索结果的分析判断、用户对选中检索结果的点击。对这些要素以及搜索引擎营销信息传递过程的研究和有效实现就构成了搜索引擎营销的基本任务和内容。搜索引擎营销得以实现所需要完成的基本任务包括以下5个方面：

①建构适合于搜索引擎检索的信息源　信息源被搜索引擎收录是搜索引擎营销的基础，而企业网店中的各种信息是搜索引擎检索的基础。用户通过检索之后还要通过信息源获取更多的信息，因此，这个信息源的构建不能只是站在搜索引擎友好的角度，还应该包含用户友好，这就是我们在建立网络营销导向的网店中所强调的，网店优化不仅仅是搜索引擎优化，还包含对用户、搜索引擎、网店管理维护3个方面的优化。

②创造网店与网页被搜索引擎收录的机会　网店建设完成并发布到互联网上并不意味着可以达到搜索引擎营销的目的，无论网店设计多么精美，如果不能被搜索引擎收录，用户便无法通过搜索引擎发现这些网店中的信息，也就不能实现网络营销信息传递的目的。因此，让尽可能多的网页被搜索引擎收录是网络营销的基本任务之一，也是搜索引擎营销的基本步骤。

③让网店信息出现在搜索结果中靠前位置　网店仅仅被搜索引擎收录还不够，还需要让网店信息出现在搜索结果中靠前的位置，这就是搜索引擎优化所期望的结果。搜索引擎收录的信息通常很多，当用户输入某个关键词进行检索时会反馈大量的结果，如果网店信息出现的位置靠后，被用户发现的机会就大为降低，搜索引擎营销的效果也就无法保证。

④以搜索结果中有限的信息获得用户关注　通过对搜索引擎检索结果的观察可以发现，并非所有的检索结果都包含丰富的信息，用户通常不会点击浏览检索结果中的所有信息，而是对搜索结果进行判断，从中筛选一些相关性最强、最能引起其关注的信息进行点击，然后进入相应网页获得更为完整的信息。

⑤为用户获取信息提供方便　用户通过点击搜索结果进入网店或网页，是搜索引擎营销产生效果的基本表现形式，用户的进一步行为决定了搜索引擎营销是否可以最终获得收益。在此阶段，搜索引擎营销与网店信息发布、顾客服务、网店流量统计分析、在线销售等其他网络营销工作密切相关，在为用户获取信息提供方便的同时，与用户建立密切的关系，使其成为潜在顾客或者直接购买产品。

(5) 搜索引擎营销目标层次

从搜索引擎营销的信息传递过程和实现搜索引擎营销的基本任务来看，在不同的发展阶段，搜索引擎营销具有不同的目标，最终的目标在于将浏览者转化为真正的顾客，从而实现销售收入的增加。搜索引擎营销分为4个目标层次，即存在层、表现层、关注层和转化层。

①存在层　其目标是在主要的搜索引擎或分类目录中获得被收录的机会，这是搜索引擎营销的基础。离开这个层次，搜索引擎营销的其他目标也就不可能实现。搜索引擎登录包括免费登录、付费登录、搜索引擎关键词广告等形式。存在层的含义就是让网店中尽可能多的网页被搜索引擎收录（不仅仅是网店首页），也就是为增加网页的搜索引擎可见性。

②表现层　其目标是在被搜索引擎收录的基础上尽可能获得好的排名，即在搜索结果中有良好的表现。用户关心的只是搜索结果中少量靠前内容，如果利用主要的关键词检索时网店在搜索结果中的排名靠后，那么有必要利用关键词广告、竞价广告等形式作为补充手段来实现这一目标。同样，如果在分类目录中的位置不理想，则需要考虑在分类目录中利用付费等方式获得靠前的排名。

③关注层　其目标直接表现为网店访问量指标，也就是通过搜索结果点击率的增加来达到提高网店访问量的目的。只有受到用户关注、经过用户选择的信息才可能被点击，因此称为关注层。从搜索引擎的实际情况来看，仅仅做到被搜索引擎收录并且在搜索结果中排名靠前是不够的，这样并不一定能增加用户的点击率，更不能保证将访问者转化为顾客。要通过搜索引擎营销实现访问量增加这一目标，则需要从整体上进行网店优化设计，并充分利用关键词广告等有价值的搜索引擎营销专业服务。

④转化层　其目标是通过访问量的增加转化为企业最终收益的提高。转化层是前面 3 个目标层次的进一步提升，是各种搜索引擎方法所实现效果的集中体现。从各种搜索引擎策略到产生收益，其间的中间效果表现为网店访问量的增加，从访问量转化为收益则是由网店的功能、服务、产品等多种因素共同作用而决定的。因此，第四个目标在搜索引擎营销中属于战略层次的目标，其他 3 个层次的目标则属于策略范畴，具有可操作性和可控制性的特征。实现这些基本目标是搜索引擎营销的主要任务。

3. 搜索引擎营销主要模式

搜索引擎营销经过近 30 年的发展，它的技术已经相对比较成熟，模式也由免费发展到今天的几乎全面收费。搜索引擎营销模式的发展，更好地适应了商业发展的需要。搜索引擎营销模式常见的有以下几种：

（1）免费登录分类目录

免费登录分类目录是最传统的网店推广手段，方法是企业登录搜索引擎网站，将自己网店的信息在搜索引擎中免费注册，由搜索引擎将网店的信息添加到分类目录中。现如今，免费登录分类目录的方式已经越来越不适应实际的需求。将逐步退出网络营销的舞台。农林产品网店以其产品独特性，也可使用此方法。

（2）搜索引擎优化

搜索引擎优化是通过对网店栏目结构和网店内容等基本要素的优化设计，提高网店对搜索引擎的友好性，使得网店中尽可能多的网页被搜索引擎收录，并且在搜索结果中获得好的排名，从而通过搜索引擎的自然检索获得尽可能多的潜在用户。

（3）收费登录分类目录

收费登录分类目录与免费登录方法非常相似，不同的只是当网店缴纳费用之后才可以获得被收录的资格。一些搜索引擎提供的固定排名服务，一般也是在收费登录分类目录的基础上开展的。此类搜索引擎营销与网店设计本身没有太大的关系，主要取决于费用。只要缴费，一般情况下就可以登录，但正如一般分类目录下的网店一样，这种付费登录分类目录的效果也存在日益降低的问题。

(4) 关键词广告

关键词广告是付费搜索引擎营销的一种形式，也称搜索引擎广告、付费搜索引擎关键词广告等，是2002年之后市场增长最快的网络广告模式。当用户利用某一关键词进行检索时，在检索结果页面会出现与该关键词相关的广告内容。不同的搜索引擎有不同的关键词广告显示，付费关键词检索结果有的出现在搜索结果列表最前面，也有的出现在搜索结果页面的专用位置。例如，林下产品台蘑，在设置关键词时可选择"台蘑"作为短关键词，也可使用"纯天然台蘑"作为长尾关键词，进行推广。

(5) 关键词竞价排名

关键词竞价排名是一种按效果付费的网络推广方式，即按照付费最高者排名靠前的原则，对购买同一关键词的网店进行排名。关键词竞价排名一般采取按点击付费的方式。与关键词广告类似，关键词竞价排名方式也可以方便地对用户的点击情况进行统计分析，可以随时更换关键词以增强营销效果。关键词竞价排名可直接根据出价多少进行排位展示，效果较明显，但出价的过程即博弈的过程，使用不当，则会事与愿违，无形中增加推广成本。

(6) 网页内容定位广告

基于网页内容定位的网络广告是关键词广告搜索引擎营销模式的进一步延伸，广告载体不仅是搜索引擎搜索结果的网页，也延伸到采用这种服务的合作伙伴的网页。

4. 搜索引擎优化

搜索引擎优化(search enging optimizatian, SEO)，是针对网站进行利于搜索引擎排名的优化，优化内容包含：关键词优化、架构优化、内容优化、链接优化、动态发布系统优化。

(1) 关键词优化

主要是对网页的关键词分布、关键词密度进行优化建议。根据选取的网站关键词，参考百度，查看关键词在百度排名前10位网站的关键词密度，以其关键词密度范围为基准，优化自己网站的关键词密度。

(2) 架构优化

网站结构是指网站中页面间的层次关系，按性质可分为逻辑结构及物理结构。网站结构为扁平化最好，重要的栏目可以适度提升层级。针对搜索引擎特点，网站栏目一般都是以首页、新闻中心、产品中心、专题、联系方式5层结构去实现。结构优化使搜索引擎所有内容利于搜索引擎收录。

(3) 内容优化

网站设计要清晰设定主题、用途和内容。根据不同的用途来定位网站特性，可以是销售平台，也可以是宣传网站。网站主题须明确突出，内容丰富饱满，以符合用户体验为原则，同时针对顾客的需求变化，及时更新内容。

(4) 链接优化

网站链接包括内部链接和外部链接。内部链接是指本网站内部网页之间的链接,包含导航栏和面包屑导航;外部链接是指本网站外部的链接,分为导入链接和导出链接两种。

(5) 动态发布优化

动态发布系统(CMS)是集内容发布、编辑、管理检索等于一体的网站管理系统,支持多种分类方式。使用该系统可方便实现个性化网站的设计、开发与维护。

5. 搜索引擎广告

搜索引擎优化是基于搜索引擎自然检索的推广方法,并不是每个网店都可以通过搜索引擎优化获得足够的访问量。尤其在竞争激烈的行业中,大量的网店都在争夺搜索引擎检索结果中有限的用户注意力资源时,很多网店会受到搜索引擎自然检索推广效果的限制,因此网店的搜索引擎营销策略往往是各种搜索引擎营销方法的组合。付费搜索引擎广告因其更加灵活和可控性高等特点受到企业的认可,成为网络广告领域成长最快的一种广告形式。

(1) 搜索引擎广告概念

搜索引擎广告是指广告主根据自己的产品或服务的内容、特点等确定相关的关键词,撰写广告内容并自主定价投放的广告。当用户搜索到广告主投放的关键词时,相应的广告就会展示(如果关键词有多个用户购买,根据竞价排名原则展示),并在用户点击后按照广告主对该关键词的出价收费,无点击不收费。

不同的搜索引擎对关键词广告信息的处理方式不同,有的将付费关键词检索结果出现在搜索结果列表最前面(如常见的降价排名广告),也有的将其出现在搜索结果页面的专用位置。目前在中文搜索引擎服务市场上,关键词竞价排名广告是主要方式。

(2) 搜索引擎广告特点

以关键词广告为代表的付费搜索引擎市场之所以受到企业欢迎,主要取决于关键词竞价排名模式自身的特点。

①用户定位程度高　推广信息出现在用户检索结果页面,与用户获取信息的相关性强,因而搜索引擎广告的用户定位程度远高于其他形式的网络广告。并且,用户是主动检索并获取相应的信息,具有更强的主动性,更加符合网络时代用户决定营销规则的思想。

②按点击付费,推广费用较低　按点击付费是关键词广告模式最大的特点之一,对于用户浏览而没有点击的信息,将不必为此支付费用。相对于传统网络广告按照千人印象数收费的模式来说,关键词广告模式更加符合广告用户的利益,使得网络推广费用大大降低,而且完全可以自行控制,成为中小型企业也可以掌握的网络营销手段。

③广告预算可自行控制　除了设定每次点击费用外,广告主还可以自行设定每天、每月的最高广告预算,这样就不必担心选择过热的关键词而造成广告预算的大量增加,或由于其他原因使得推广预算过高,并且这种预算可以方便地进行调整,为控制预算提供了极大便利。

④关键词广告形式简单,制作成本较低　关键词竞价的形式比较简单,通常是采用文

字形式进行竞价,文字内容包括标题、摘要信息和网址等。关键词不需要复杂的广告设计,因此降低了广告设计的制作成本,使得小企业、小网店、个人网店、网上店铺等都可以方便地利用关键词竞价方式进行推广。

⑤关键词广告投放效率高　关键词广告推广信息不仅形式简单,而且整个投放过程也非常快捷,大大提高了投放广告的效率。

⑥广告信息出现的位置可以进行选择　在进行竞争状况分析的基础上,网店通过对每次点击价格和关键词组合的合理设置,可以预先估算出推广信息可能出现的位置,从而避免网络广告的盲目性。

⑦广告信息可以方便地进行调整　出现在搜索结果页面的推广信息,包括标题、内容摘要、键接 URL 等都是广告主自行设定的,并且可以方便地进行调整。这与搜索引擎自然检索结果中的信息完全不同。自然检索结果中显示的网页标题和摘要信息取决于搜索引擎自身的检索规则,用户只能被动适应,如果网页的搜索引擎友好性不太理想,则显示的摘要信息可能对用户没有吸引力,将无法保证推广效果。

⑧可引导潜在用户直达任何一个期望的目的网页　由于关键词广告信息是由广告主自行设定的,当用户点击推广信息标题链接时,可以引导用户来到任何一个期望的网页。在自然检索结果中,搜索引擎收录的网页和网址是一一对应的,即摘要信息的标题就是网页的标题(或者其中的部分信息),摘要信息也是摘自该网页;而在关键词广告中,可以根据需要设计更有吸引力的标题和摘要信息,并可以让推广信息链接到期望的目的网页,如重要产品网页等。

⑨可以随时查看广告效果统计报告　当购买了关键词竞价排名服务之后,服务商通常会为用户提供一个管理入口,可以实时在线查看推广信息的点击情况以及费用。经常对广告效果统计报告进行记录和分析,对于网店积累竞价排名推广经验、进一步提高推广效果具有积极意义。

⑩关键词广告推广与搜索引擎自然检索结果组合会提高推广效果　一般的网店不可能保证通过优化设计使得很多关键词都能在搜索引擎结果中获得好的排名,尤其是对于一个企业拥有多个产品线时,采用关键词广告推广是对搜索引擎自然检索推广的有效补充。

(3)搜索引擎广告投放策略

尽管关键词广告具有许多优点,但不可避免地在实际应用中也存在一些很突出的问题,有些甚至对搜索引擎营销市场的发展造成了一定的影响。无论是自行投放关键词广告,还是委托搜索引擎广告代理商投放,网店在制订关键词广告计划及投放关键词广告上,可以从以下几方面进行:

①选择适合的阶段进行关键词广告投放　关键词广告的特点之一是灵活方便,可以在任何时候投放,也可以将任何一个网页作为广告的着陆页面。因此,可以根据需要在网店推广运营的任何阶段投放关键词广告。不过,在网店运营的特定阶段采用关键词广告策略则显得更为重要,例如,网店发布初期;有新产品发布并且希望得到快速推广的时候;在竞争激烈的领域进行产品推广的时候;与竞争者网店相比,网店在搜索引擎检索结果效果不太理想的时候;希望对某些网页进行重点推广的时候。

②选择搜索引擎广告平台　如果有充足的广告预算,可以选择在所有主流搜索引擎上

同时投放广告；如果希望自己的广告内容向尽可能多的用户传递，可以选择不同搜索引擎的组合；如果潜在用户群体特征比较明显，可以选择与用户特征最为吻合的搜索引擎。

③选择关键词及关键词组合　关键词组合的选择是搜索引擎广告中最重要也是最有专业技术含量的工作，直接决定了广告的投放收益率。关键词分为三大类：核心关键词、关键词组合、语意扩展关键词（同义词、否定词、语意关联词等）。要挖掘出自己网店的系列关键词，最好借助搜索引擎提供的关键词分析工具。一般说来，通用性关键词用户检索量大，但不一定转化率高，顾客转化率高的关键词往往是比较专业或者是多个关键词组合的检索。例如，"苹果"属于通用关键词，而"山西吉县红富士苹果"属于专业关键词。通过"苹果"进行检索达到网店的访问者与通过"山西吉县红富士苹果"进行检索达到网店的访问者相比，后者的顾客转化率高，更容易转化为网店的直接客户。

选择合适的关键词及关键词组合依赖于搜索引擎营销人员的丰富经验，对该行业产品特点和用户检索行为的深入理解，也可借助搜索引擎服务商提供的相关工具和数据进行分析。

④广告文案及广告着陆页面设计　选择合适的关键词后，需要对广告文案和着陆页进行专业设计。关键词广告形式比较简单，主要是简短的标题和一段简要的文字。在设计广告着陆页时，要注意与关键词的相关性，还要考虑用户体验，以增强广告效果，达到让用户通过有限的信息去关注并点击广告链接然后进入网店获取详细信息的目的。同时，保证用户点击进入网店后能够获得用户想要的信息。

⑤关键词广告预算控制　制定推广预算是关键词广告推广必不可少的内容，用户可以自行控制费用。当广告预算消费过于缓慢时，可以通过增加相关关键词数量或者适当提高每次点击价格等方式获得更多的广告展示机会；如果广告花费过高，则可以通过降低每天的广告费用限额或者减少关键词等方式进行费用控制。

⑥关键词广告效果分析和控制　付费搜索引擎服务商如百度等会提供关键词管理后台，上面的各项数据是分析关键词广告的基础。这些数据包含关键词已经显示的次数、被点击的次数、点击率、关键词的当前价格、每天的点击次数和费用、累计费用等。网店还可以结合网店流量数据进行对比分析。除此之外，网店还可以监测访问转化情况和详细的投入产出比来对关键词效果进行分析。如果发现某些关键词的点击率过低，网店有必要对这些关键词进行更换；当发现某些关键词广告点击率数据异常时，要进行关键词广告效果分析与网店流量对比分析。

6. 搜索引擎营销效果分析

(1) 搜索引擎营销效果评估方式

在搜索引擎营销的目标层次中，增加点击率和将访问量转化为收益是两个高层次的目标，其中也涉及搜索引擎营销的效果，即网店访问量和投资收益。目前还没有非常完善的、被广泛采用的搜索引擎效果评估体系，因此事实上并不容易做到对搜索引擎营销效果的准确评估。

对于搜索引擎营销效果的评估，合理的方法是用全面的观点综合评估搜索引擎营销的效果，而不仅是网店的访问量或者网络营销带来的直接销售效果，因为搜索引擎营销所带来的效果可能是多方面的（如对线下销售的推动），也可能是长期的（如对网络品牌的提升)。如果仅用短期的网店流量和在线销售指标显然不能准确反映搜索引擎营销的实际效果。

(2)搜索引擎营销效果评估指标

我国企业广告主根据国外的先进经验,结合自身业务情况,梳理、总结并形成一套适用于自身企业的搜索引擎营销效果评估指标。

①对广告主投放本身效果评估　以关键词广告为例,搜索引擎运营商提供的管理后台一般有该广告的呈现次数和点击率两个核心指标,广告主需要注意比较这两个指标的变动情况,特别是点击率的变化,对于点击率较低的广告,优化方案并及时停止投放。

②对受众品牌认知与接收情况评估　现在在搜索引擎上有特别为大企业广告主品牌展示需求而设立的全流量广告位、内容定向广告位和品牌专区广告位等。对于这些品牌展示广告,广告主可以通过受众线上和线下调研的方式评定效果。

③对网店流量提升评估　搜索引擎营销很重要的一个功效是帮助企业网店提升流量。广告主需注意自己网店的到达率增幅,同时通过搜索引擎提供的关键词搜索请求量变化趋势工具,比较与本企业品牌和产品名称相关的关键词搜索量的变化。

④对以促销为目标的企业评估　对以促销为目标的企业而言,评估线上和线下销售额的变化和受众购买意愿的变化是衡量营销效果的关键。

⑤对竞争对手网店流量评估　搜索引擎可以购买竞争对手的品牌和产品关键词,对竞争对手可以起到抑制作用,将本应属于对手网店的流量"抢夺"至本企业网店,并据此评估对手网店的流量。

⑥对整体营销效果评估　搜索引擎营销一个很重要的原则是与其他营销方式的合理协调搭配,形成一致的营销效果。但对整体营销效果的评估,更多应从定性的角度出发予以评判。

通过以上 6 个效果评估指标,企业广告主可以全面评估搜索引擎营销的效果,同时将各个指标与广告主的投放费用进行交叉对比,可以得到某一时间段搜索引擎营销在各方面的投入产出情况。广告主了解这些评估数据有助于优化配置营销预算和人力资源,达到更好的效果。

(3)搜索引擎营销效果影响因素

搜索引擎营销效果取决于多种因素的综合影响,例如,搜索引擎优化取决于网店结构、网店内容、网页格式、网页布局、网店链接等多种因素;而搜索引擎关键词广告的数量受关键词选择、关键词价格制定、广告内容设计水平、广告着陆页的内容相关性、行业竞争状况等因素的影响。

研究影响搜索引擎营销效果的因素可以从 3 个方面来考虑:网店设计的专业性、被搜索引擎收录和检索到的机会、被用户发现并点击的情况。每个方面都有不同的具体因素在发挥作用。

①网店设计的专业性　企业网店是开展搜索引擎营销的基础,网店上的信息是用户检索获取信息的最终来源。网店设计的专业性,尤其是对搜索引擎的友好性和对用户的友好性,对搜索引擎营销的最终效果产生直接的影响。

②被搜索引擎收录和检索到的机会　如果在任何一个搜索引擎上都检索不到,这样的

网店将不可能从搜索引擎获得新的用户。被搜索引擎收录不是自然发生的,需要用各种有效的方法才能实现,如常用的搜索引擎登录、搜索引擎优化、关键词广告等,同时还要对搜索引擎进行优化设计,以便在搜索引擎中获得比较好的排名。应注意的是,搜索引擎营销不是针对某一个搜索引擎,而是针对所有主要的搜索引擎。企业网店需要对常用的搜索引擎设计有针对性的搜索引擎策略,因为增加网店被搜索引擎收录的机会是更多用户发现该网店的基础。

③被用户发现并点击　网店仅仅被主要的搜索引擎收录并不能保证被用户点击,因为搜索引擎返回的结果有时数以千计,绝大多数的搜索结果都会被用户忽略,即使排名靠前的结果也不一定获得被点击的机会,关键还要看搜索结果的索引信息(网页标题、内容提要、URL等)是否能够获得用户的信任和兴趣,让用户产生点击的冲动,这些问题只有通过网店设计的基础工作才能解决。

(4)增强搜索引擎营销效果方法

①采用多种模式的网络营销组合　付费搜索引擎广告的转化率略高于搜索引擎优化。付费搜索引擎广告不仅应用灵活,如可以随时投放也可以制作出对用户有吸引力的关键词广告文案,而且在顾客转化率方面比基于自然检索的搜索引擎优化有一定的优势。调查发现,在顾客转化率效果方面,搜集100个购买关键词广告的客户意见,并将他们与100个实施搜索引擎优化的客户意见相比较,会发现双方都认为自己的顾客转化率比对方优越。因此,付费搜索引擎广告和搜索引擎优化两种搜索引擎营销方式都应该给予同等重视,采用多种模式的网络营销策略组合效果更为显著。

②同时采用关键词广告与网页展示广告组合　增强搜索引擎广告顾客转化率有多种方法,如对用户检索行为的准确分析以及在此基础上选择最有效的关键词组合、广告链接页面内容的相关性等。这些提升顾客转化率的方法均从搜索引擎广告本身入手,而没有考虑其他形式网络广告之间的相关性产生的广告转化作用。

从另一个角度分析,如果企业关注网店在搜索引擎自然检索结果的效果,就表明企业重视搜索引擎营销。这些企业除了采用搜索引擎优化方法之外,通常也会同时投放搜索引擎广告。实际上,很多网店的搜索引擎营销都是同时采用搜索引擎优化和关键词广告。

案例

搜索引擎营销——兰蔻

兰蔻1935年诞生于法国,是由Armand Petitjean(阿曼达·珀蒂让)创办的品牌。作为全球知名的高端化妆品品牌,兰蔻涉足护肤、彩妆、香水等多个产品领域,主要面向教育程度、收入水平较高,年龄在25~40岁的成熟女性。

凭借着对香水的天才敏感嗅觉、执着不懈的冒险精神,以及他立志让法国品牌在当时已被美国品牌垄断的全球化妆品市场占有一席之地的抱负,兰蔻为世界化妆品历史写下美的一页。一支来自法国古堡的"玫瑰",凭借着气质,在变幻莫测的女性心理间,在捉摸不定的时尚法则中,足足绽放了60年。

作为欧莱雅集团旗下高档化妆品的领导品牌，兰蔻一直是行业的佼佼者，在官网的电子商务运作也是成绩斐然，表现可圈可点。以"正品保障""超值套装"和"免费送达"等卖点受到消费者的认可和好评。而兰蔻的广告词也恰恰反映了这点——"兰蔻，挚爱一生"。最为经典的就是兰蔻小黑瓶，就算不了解化妆品的人，只要一提到兰蔻就会知道小黑瓶，也许小黑瓶就是兰蔻的代表作。

早在2008年的时候兰蔻就开始尝试进行搜索引擎营销，利用百度品牌专区为其网上商城进行搜索引擎推广，作为化妆品及护肤品行业的领导者，兰蔻一向重视营销的创新，并对网络营销给予极高的重视。

搜索关键词时，一般出现的是官方网站以及介绍。但是在百度的搜索框里搜索"兰蔻"出现的却是兰蔻网上商城，并且把季节性促销、产品的最新消息、代表品牌内涵的数字、多媒体资讯等都展示在搜索的重要位置。这无疑把搜索和展示相互结合为兰蔻的数字化品牌家园，这不是简单的文字链接，而是图文并茂的视觉冲击，让人忍不住点开一探究竟。

兰蔻在百度上的关键词投放非常迎合受众及搜索需求，在新产品上市的时候直接投放产品相关的关键词，目的就是让受众第一时间接触兰蔻的新产品信息。并且兰蔻经常以图文并茂的形式展现产品的核心信息，提升品牌形象，导入流量，提高广告转化率，促进产品销售。

任务实施

1. 在班级中进行分组，每组4人，以"吉县红富士""烟台红富士""洛川红富士"为关键词进行百度搜索，分析哪一个搜索引擎营销做得较为成功，撰写调研报告，并提出优化的具体建议。

2. 每一组选择一个山西名优农林产品进行搜索引擎营销调研，撰写调研报告并提出优化的建议。

3. 在班级中进行汇报、评比。

任务5-3 农林产品新媒体营销

任务目标

1. 掌握新媒体营销推广技术。
2. 能够根据营销对象选取相应的新媒体工具进行推广。

工作任务

1. 分组寻找生活中遇到的典型的微博、微信、APP、短视频营销案例，小组成员之间进行分享，着重讲述其成功与不足。

2. 小组成员相互合作，以"我为家乡名优农林产品代言"为主题，通过短视频营销的方式，为家乡的林农特色产品做宣传。

知识准备

传统营销（广告以及公关）追求的是"覆盖量"（也称到达率），体现在报纸杂志上就是发行量，体现在电视广播上就是收视（听）率，体现在网站上便是访问量。将广告或者公关文章加载到覆盖量高的媒体上，便可以得到较多的关注，这个模式称为登高一呼式的传播模式。这种传播方式本质上属于宣传模式（propaganda），基本上传播路径是单向的，缺点很明显：很难探测受众看到广告后有何反应。一方面，广告代理公司递交了厚厚的媒体覆盖量报告的数字以证明这个广告被很多人看到；另一方面商业公司用短期内的销量是否提升来决定这个广告是否达到了目的。但平心而论，一场营销行为和短期销量之间究竟有何关系，至今并没有答案。

基于新媒体的营销模式，则是将宣传模式向卷入度（involvement）转变。新媒体营销借助于新媒体的受众广泛且深入的信息发布，达到让他们卷入具体营销活动中的目的。例如，利用博客进行的话题讨论，即请博客作者们就某一个话题展开讨论，从而扩大商业公司想要推广的主题或品牌的影响范围。

新媒体营销是基于特定产品的概念诉求与问题分析，是对消费者进行针对性心理引导的一种营销模式。从本质上来说，新媒体营销是企业软性渗透的商业策略在新媒体形式上的实现，通常借助媒体表达与舆论传播使消费者认同某种概念、观点和分析思路，从而达到企业品牌宣传、产品销售的目的。

1. 新媒体营销及其特征

（1）新媒体营销含义

新媒体与传统媒体的区别：传统媒体主要包括报纸、刊物、电视、广播等信息传播渠道，而新媒体则是主要借助于电子通信技术进行信息传播的一种新的媒介方式。新媒体的出现依赖于互联网，同时新媒体的出现和发展又从某种意义上推动了互联网技术的飞跃发展。新媒体营销的基本概念和内涵是：以当下最流行的新媒体（如抖音、快手、短视频、微信、微博等线上社交平台，电子刊物，网站或软件，网络视频等）作为载体，运用现代营销理论和互联网的整体环境进行的营销方式。互联网时代的新媒体营销，为商业经济的发展带来新的机遇，开拓了一片新的发展领域，同时也使人们的日常生活变得更加丰富、多元和便捷。

（2）新媒体营销特征

①多元性　由于电子信息技术的优势和特点，互联网时代的新媒体营销具有多样化的传播平台和传播形式，文字、图片、音频、视频等都可以成为新媒体营销内容的载体。有了传播媒介，受众就可以方便快捷地获取营销信息，然后选择自己所需要的内容进行进一步关注。互联网时代的新媒体营销，以其丰富的传播途径和多元的营销信息，扩充自身的营销容量，同时也使营销形式变得更加灵活可控。因此，互联网时代的新媒体营销，实现对传统营销模式和营销领域的突破，使市场经济的营销变得更具有创新性和吸引力，也能在更大程度上实现对消费者消费需求的满足。

②普及性　新媒体本身是借助互联网产生的，而互联网又在近年实现大范围的普及，并且互联网越来越成为人们日常生活中不可缺少的一部分，这些先决条件使新媒体容易且迅速进入大众的视野，因此新媒体营销具有很好的普及条件。手机如今已经成为人们上网最主要依赖的载体，所以新媒体营销也能实现迅速的普及，拥有数量巨大的消费者受众。新媒体以其方便快捷的特点，深入人们日常生活中的每个方面，这也为新媒体营销提供良好的发展平台，使其快速地进入人们的视野且成为大众广为接受的营销模式。

③互动性　互联网时代新媒体营销的互动性，是新媒体营销相较于传统媒体营销方式最主要也是最具优势的一个特点。依托于新媒体环境建立的营销活动，在使消费者被动接受营销信息的同时，还允许消费者主动对这些信息进行筛选并帮助消费者进行信息分类，使其能够尽可能地避免时间和精力的浪费，尽快选择对自己有利用价值的有效营销信息。这就是互联网时代新媒体营销的互动性。从本质上来说，新媒体营销的互动性与新媒体的互动性是相似的，都能够提高信息传播的效率和信息的利用率，而新媒体营销的互动性还能够增加营销的针对性，提高营销效率和消费者的满意程度。

2. 新媒体营销主要载体

新媒体营销是借助新媒体而开展的营销活动，层出不穷的新媒体为企业开展新媒体营销提供了多样化的载体，并且伴随着近年来快速发展的移动互联网，新媒体营销的渠道更加多元化。通常来说，新媒体营销的载体主要有以下几类：

(1) 网络媒体

网络媒体是新媒体的主要形态，我们今天所说的新媒体主要以网络媒体为主。基于HTTP协议的Web页面的发明让人们只需轻轻一点就能打开互联网的多彩世界，不需要专业的技能，也不需要输入命令。互联网在我国近30年的发展历程早已让其完全获得了媒体的属性和地位。互联网的出现给世界带来了颠覆性的改变，成为当下人们生活不可或缺的重要元素。

(2) 移动媒体

移动媒体主要是以智能手机、平板电脑等移动终端为传播载体的新兴的媒体形态。移动媒体的最大特点就是具有移动性，小巧，可随身携带。移动媒体的形式丰富多样，从早期的手机短信、手机报到现在的资讯、视频、社交等APP及二维码等。根据第44次《中国互联网络发展状况统计报告》显示，截至2019年6月，我国手机网民规模达8.47亿人，较2018年年底增长2984万人，网民中使用手机上网的比例由2018年年底的98.6%升至99.1%。可以预见的是，移动媒体将成为引领新媒体营销发展的重要动力。

(3) 互动性电视媒体

互动性电视媒体是传统电视媒体结合互联网的IP特性后的升级形态，包括数字电视和网络电视两大类。

①数字电视(digtal television，DTV)　是一个从节目采集、节目制作、节目传输直到用户端都已实现数字方式处理信号的端到端的系统。与模拟电视相比，数字电视具有很多传播优势。我国近年来大力推行由电视模拟信号向数字信号的转换，未来几年将全部实现数字信号的覆盖。

②网络电视(internet protocol television，IPTV) 是在互联网技术下，尤其是宽带互联网下的一种传播视频节目的服务形式，主要是通过电信运营商的宽带网络或有线电视来为用户提供多种交互式视频节目服务的一种新型电视传播媒介。

IPTV 以多媒体技术、通信技术和互联网技术为支撑。在具体的使用中，通过加装 IP 机顶盒，用户能够搜索多个电视频道并且和网络同步，还可以通过连接互联网实现网络搜索功能。因此，这种网络交互式电视不仅集合了电视传播影视节目的传统优势，还为电视的传播带来了一场新的发展革命。另外，IPTV 所具有的节目交换平台还能为用户提供更多、更丰富的个性化和交互式的电视节目，让用户在观看电视的过程中能够拥有更加灵活的时间选择和内容选择空间；同时还为用户提供了更加多样化的交互式的数字媒体服务，如互联网浏览、电子邮件、数字电视节目、可视 IP 电话及多种在线信息咨询、娱乐等功能，给用户带来一个全新的电视体验。

（4）户外新媒体

当视频技术走出固定场所，面向开放的户外空间、移动空间，借助无线网络时便出现了新的媒体形态，如户外新媒体、楼宇电视、车载移动电视等。这些都属于户外新媒体的形态，属于典型的"等候经济"，即以一种看似闲散的伴随性传播来即时地传递信息。

户外新媒体包括两方面含义：一方面，户外新媒体蕴含了"分众"内容，即在不同地点根据不同受众特点传播合适的内容；另一方面，户外新媒体的"新"是指将数字视频技术等革命性地引入到行业内，增强其内容的表现方式。

3. 新媒体营销方法

（1）微博营销

"博客"一词是从英文单词 blog 翻译而来。博客就是在网络上发布和阅读的流水记录，通常称为"网络日志"，简称"网志"。博客是继电子邮件、BBS、QQ 之后出现的第四种网络交流方式。

微博是博客中的一种重要形态，是微博客(microblog)的简称，是一个基于用户关系的信息分享、传播以及获取平台。用户可以通过 Web、WAP 以及各种客户端组建个人社区，以 2000 字以内的文字更新信息，并实现即时分享。微博是一种给予用户极大参与空间的新型在线媒体。

①企业注册官方微博，在官方微博运营中需注意的问题

微博运营的数量规划：一般来说，官方微博每日发布数量以 5~8 条为佳。太少，达不到运营效果；太多，会造成粉丝干扰，容易被取消关注。这个"每日"包括法定节假日。

微博运营的发布时间：一般定在粉丝活跃度较高的时间段发布微博。目标客户是上班族时，可以依据他们的出行规律进行发布，例如，第一条在他们上班途中(7:00~8:00)发布，第二条在他们中午休息时间(12:00~13:00)发布，第三条在他们下午茶时间(15:00~16:00)发布，第四条在他们下班途中(18:00~19:00)发布，第五、第六条在他们睡觉前(20:00~23:00)发布。新鲜热点即时发布。

②微博营销方法

互动运营：在微博中与用户良好互动，增加微博曝光率，提高互动性。

对于微博私信，应遵循如下六大原则：

第一，及时原则，即第一时间回复、快速反应。

第二，分类原则，即面对目标微博进行分类整理。

第三，对等原则，即私信双方地位对等。

第四，互动原则，即建立多层次的沟通互动机制。

第五，闭环原则，即每个客户的情况都要闭环。

第六，持续原则，即未成功交易的客户也进行持续沟通。

舆情监控：每天对企业及竞争对手进行关键词搜索与监控，对于提及企业品牌的用户，进行关注、互动、沟通、评论、转发；对于用户的负面评论，及时做好危机公关处理。

建立资料库：每个企业的官方微博都应该建立自己的资料库，资料库的作用主要是存储、备份及共享。资料库不仅能够方便内容的摘要，还能建立企业的文档库，为企业打造属于自己的观点集及知识库。将这些资料共享，不仅能促进微博运营工作的进展及企业内部的学习，也是对企业成长及微博运营成果的一种见证。

数据分析：关注微博后台数据，以周为单位监控微博粉丝涨跌趋势、微博活动举行效果等。同时，还可创建个人微博，与粉丝进行实时互动。

知识链接

官方微博如何吸引粉丝

官方微博营销一个很重要的前提是，必须有足够数量的粉丝。如何从 0 开始增加粉丝，有以下 10 种方法借鉴、参考。

1. 吸粉方法一：从企业内部开始

每个人都具有十分复杂的人际交往关系圈，这实际上就是很好的互动资源。可以发动企业员工及其一切有利资源进行微博互动、信息交流，以在于短时间内能够有效凝聚有用的粉丝，因为由企业员工带来的粉丝在某种程度上会下意识地关注自己认识的人的公司微博状态。

2. 吸粉方法二：从企业合作伙伴、老客户开始

公司加盟商、供应商、合作伙伴、意向合作伙伴以及公司老客户，这些人都是对公司比较感兴趣的群体，容易成为官方微博首批粉丝。

3. 吸粉方法三：利用关键词查找

首先，用官方微博主动关注行业名人、行业媒体、目标客户的微博，并主动持续与更新频率较高的目标微博互动，或者私信求关注，获得精准粉丝；其次，用官方微博到竞争对手微博里，主动关注与竞争对手有互动的粉丝微博，因为粉丝能与竞争对手互动，关注公司微博的概率就会比较高。

4. 吸粉方法四：高质量评价

在与行业相关的大咖微博下，发表高质量的评论，表明自己独到见解或者有趣文字，容易引起目标粉丝的主动关注。

5. 吸粉方法五：自媒体宣传推广

在企业官方网站、公司员工名片、公司产品外包装及说明书、公司画册、公司海报等凡是出现公司名称和联系方式的地方，必须加上企业官方微博二维码，方便有意向的客户进一步了解公司信息，成为官方微博的粉丝。

6. 吸粉方法六：社会化媒体宣传推广

加入更多的微博群，微博群有人数的优势，是一个展示自己、提高展示机会的渠道，经常发布观点会增加别人的关注。

7. 吸粉方法七：发布信息要有趣、有用

"干巴巴、正儿八经"的文字，会把已有粉丝吓跑，更不用提增加粉丝了，只有信息有趣，粉丝才愿意细看并愿意转发。微博推广的一大作用是传递有用的信息，进而使用户选择喜欢的产品，因此，在编辑内容时可以从行业出发，也可以从其他粉丝想知道的企业新闻出发，以达到扩大宣传范围、提高知名度的效果。目前我国大部分企业都采取这种方式进行官方微博的更新。发布内容时，添加热门话题标签，可以极大地增加曝光率和被关注概率。

8. 吸粉方法八：互动交流要及时、专业、礼貌

互动交流指的是通过和自己的跟随者进行交流，达到人际传播和推广的效果。这点是很多企业所忽视的。为了形成良好的互动交流，企业微博应关注更多的用户，并积极参加与回复、讨论。例如，发布一件新产品时，有粉丝进行询问，这时候商家要做的就是参与其中，让粉丝没有唱独角戏的感觉，通过两人的互动让更多的粉丝进行话题讨论，这才是成功的微博营销互动。此外，要时刻注意自己代表的是整个企业形象，因此在语言上应具有一定的严肃性及礼貌性。

9. 吸粉方法九：定期举办活动，带给粉丝利益

免费和抽奖永远是吸引粉丝的最有效手段。例如，某公司通过微博一次赠送了10万支护肤品（不是试用装，而是正常分量的抗痘凝露），一天时间，粉丝数就增长了20多万。

罗永浩曾在微博里面写道：我们请了专业媒体人苦心经营了"锤子科技"这个官方微博13个月，更新了几百篇有品质、有水准的文章（以至于被很多人认为是新浪微博上"规格最高的官方微博"），新浪"粉丝"数才艰难地达到了10万人。而"锤子科技"营销账号用抽奖和利诱的方式只用了3天就达到了10万"粉丝"。

10. 吸粉方法十：投放粉丝头条和粉丝通广告

按照人群、地域、时间段，精准投放粉丝通广告，这也是快速吸引精准目标客户的好方法。当然，粉丝通广告结合促销活动举行，效果更佳。

(2) 微信营销

微信营销是企业、媒体、机构、个人通过微信中的微信群、朋友圈、公众号等板块进行营销的行为。微信营销是伴随着个人在网络话语权与影响力的增强、社交媒体的崛起、社交平台商业价值的凸显、微信能量的日益庞大而兴起的。

① 微信营销优势 微信营销的优势主要体现在以下几点：

用户基数大：《2019微信数据报告》显示，2019年微信月活跃账户数为11.51亿，较

去年同期增长6%，这意味着用微信营销能接触到极其庞大的精准用户。

用户强连接关系：微信属于典型的熟人社交工具，用户间的强连接关系使得用户间的分享传播能产生更大的影响力和商业价值。企业借助微信的熟人社交特性，更容易与用户建立关系，形成品牌与用户联动的粉丝经济。

支付功能强大：微信支付是我国市场最大的移动支付工具之一，为微信的商业生态提供支付支撑，帮助微信形成商业闭环。

微信开放平台：微信开放公众号吸引第三方平台介入，可以利用第三方服务商或企业自身进行开发，以实现多样、复杂的商业功能需求。

②微信营销特点

以用户为中心：微信需要用户主动关注或加好友才能建立直接联系，这就意味着微信营销中用户占据主导位置，使得微信营销必须以用户为中心。

去中心化：微信本质上是一个由无数用户通过关系链建立的网状组织，社交网络即自然系统，人即节点，群或讨论组即新连接单元，热门人物或事件即阶段性中心，个体的人能不断平衡、不断完善，并且因为社交和联系而能从自我中心状态中解除出来，建立新的关联。简单来说，就是微信不参与流量分发，而是赋权给用户，让用户依据主动意愿来连接流量。

线上线下一体化：微信社交支付的完善以及小程序的更新迭代，使微信营销迎来新的营销场景。商家运用这种线下门店+小程序的打法，将商品的信息、店内的活动等传递给消费者，消费者可以在小程序上浏览门店最近推出的活动、优惠券等，可以选择在线购买，也可以选择线上预订、到店自提等方式。电商小程序很好地实现了店铺与消费者线上线下的互动。

注重留存与服务：不难发现，微信营销就是在建立专属自己的流量池，天然的封闭性与被动性使微信更适合"养用户"，通过微信的高频使用特征，为用户提供服务与关系维护增进。

注重社交传播：当翻阅微信成功案例时，我们会发现要么是如同银行、运营商类公众号利用自身的强大品牌影响力和庞大用户资源去进行用户服务和管理，要么就是如同媒体利用高价值内容促使用户转发分享，形成滚雪球般的社交传播效应。于是，转发分享成为微信营销核心指标之一。

③微信营销与微博营销区别　微信与微博，一个注重强关系社交，一个注重弱关系社交；一个封闭，一个开放；一个偏重关系，一个偏重媒体。微博更注重信息，而微信更注重关系。

(3) APP营销

APP的英文全称为application，是安装于移动智能设备上的一种第三方应用程序的统称。APP营销指的是应用程序营销，APP营销是通过智能手机、社区、SNS等平台上运行的应用程序来开展营销活动。

①APP营销优点

精准性：APP把营销的精准度提升到了一个新高度。APP都是用户主动下载的，至少说明下载者对品牌有兴趣。在用户使用APP的过程中，APP可以自动获取用户浏览商品的种类、型号、价格及使用 APP 的时间、频率,从而来识别用户的收入水平和兴趣偏好,分析其行为习惯,再推送企业的推广信息。

互动性:APP 提供了比以往的媒介更丰富多彩的表现形式。移动设备的触摸屏就有很好的操作体验,文字、图画、视频等一应俱全,实现了前所未有的互动体验。而且 APP 还打开了人与人的互动通道,通过在内部嵌入 SNS 平台,使正在使用同一个 APP 的用户可以相互交流心得,在用户的互动和口碑传播中,提升用户的品牌忠诚度。

超强的用户黏性和可重复性:APP 营销利用用户的碎片化时间,通过使用 APP,为其提供有价值的商品和服务,增加用户的黏性。

APP 营销的所有这些优势都要基于能为用户提供有价值的产品或服务,在设计上创造良好的用户体验,不断增加用户黏性,让用户满意。

②APP 营销特点

营销成本低:APP 营销模式,费用相对于电视广告、报纸广告、甚至是网络营销都要低得多,只是在开发适合本品牌的 APP 时,会附带一部分的推广费。这种营销模式的营销效果是电视、报纸和网络所不能代替的。

持续性强:一旦目标用户将 APP 下载到手机成为客户端,那么持续使用该 APP 的机会会大大增强。

促进销售:通过 APP 的竞争优势,可以增强产品和业务的营销能力。

信息展示全面:APP 移动应用能够全面地展示产品的信息,让用户在没有购买产品之前就已经感受到了产品的魅力,降低了对产品的抵抗情绪,通过对产品信息的了解,刺激用户的购买欲望。

提升品牌实力:APP 移动应用可以提高企业的品牌形象,让用户了解品牌,进而提升品牌实力。良好的品牌实力是企业的无形资产,为企业形成竞争优势。

及时服务:通过 APP 移动应用对产品信息进行了解后,可以及时地通过移动应用下单或者是链接移动网站进行下单。利用手机和网络,易于开展制造商与个别顾客之间的交流。客人喜爱与厌恶的样式、格调和品位,也容易被品牌一一掌握。这对产品大小、样式设计、定价、推广方式、服务安排等,均有重要意义。

③APP 推广方式　APP 推广有多种方式,不管推广方式如何多变,只需 8 个字就可以概括 APP 推广的全过程,即拉新、留存、促活和转化。从事 APP 运营的人都知道,这 8 个字也是 APP 运营的工作目标。那么 APP 运营中的拉新要怎么做呢?其中,拉新的目的是提高 APP 的下载量和注册量,这是 APP 推广的重点内容。总的来看,APP 推广可分为线上和线下两个渠道,包括以下内容。

应用商店:这是最基础的推广渠道,包括华为应用商店、OPPO 应用商店、苹果应用商店、豌豆荚、小米应用商店、应用宝、360 手机助手、木蚂蚁、安卓市场及移动运营商的应用商店等。不同应用商店所要求提交的素材和资质不同,有的需要付费推广才能上架,运营者需要了解不同应用商店的上架规则。

手机厂商预装:运营者可以寻求与手机厂商合作,在手机中预装自己的 APP。

论坛推广:论坛主要以测评软文或活动的方式来推广 APP。做 APP 论坛推广,论坛的选择很重要,如机锋论坛、智友论坛、威锋论坛就是比较适合的推广平台。

官方平台：官方平台主要包括官方网站、微信公众号、小程序、微博。官方网站推广的重点是对 APP 关键词进行优化，微信公众号和微博则以软文、置顶、活动及红人推广等方式进行。

网盟或广告平台：这是一种付费推广方式，如刷榜推广、积分墙推广、插屏广告等。刷榜推广不是一种正规的手段，但就国内 APP 推广来说，这种方式很常见，也较受欢迎，因为效果确实比较好，就很多 APP 用户的下载习惯来看，他们很多时候都会通过 APP Store 去下载 APP，并且会选择排名靠前的来下载，但是这种方式的推广成本比较高。积分墙推广也是一种见效快的推广方式，但用户留存率来看并不是很高。插屏广告则是在各应用中以广告弹出的方式进行推广，很多手游都会采用这种推广方式。

应用互推：这种推广方式在业内被称为换量，即应用之间合作进行互推，推广方式有多种如弹窗广告、消息推送、应用推荐等。

其他平台：利用其他平台进行 APP 推广，如百科、问答平台、文库、短视频、QQ 等。

线下推广：包括地推、广告屏推广、物料推广及店面推广等，如 2015 年比较火的团购类 APP 采用的就是店面推广，在各大店面的门口都可以看到其 APP 的二维码。

(4) 短视频营销

①短视频营销概念　短视频即短片视频，是一种互联网内容传播方式，一般是在互联网新媒体上传播时长在 5 分钟以内的视频。随着移动终端普及和网络的提速，这种短平快的大流量传播内容逐渐获得各大平台、粉丝和资本的青睐。据第 47 次《中国互联网络发展状况统计报告》显示，截至 2020 年 12 月，短视频用户规模为 8.73 亿，较 2020 年 3 月增长 1.00 亿，占网民整体的 88.3%。短视频平台通过带动乡村旅游、推动农产品销售等方式，积极拉动贫困地区经济发展。

②短视频运营步骤

第一步，注册账号。选取抖音、快手等短视频平台注册账号，根据平台规定选取合适的方式建立企业和个人账号。

第二步，账号搭建。

第三步，人设打造。人物设定简称人设，在电影、喜剧、游戏等场景中会有各类人物设定。明星等公众人物刻意塑造的形象。

为什么需要人设的理由有很多，这里不做阐述。企业在选择人设的时候，需要仔细衡量产品/品牌与 KOL 的人设标签契合度。好的人设可以迅速吸引粉丝，吸引受众的道具，同时可以提高转化率。

第四步，账号定位。账号定位做过公众号运营的就很容易理解，简单来说，就是专注于一个垂直领域进行内容输出。如果公司的业务较多，建议做矩阵号。如果账号定位于美食，就坚持只发美食相关的视频；定位于舞蹈，就坚持发舞蹈相关的视频；定位于正能量语录，就坚持发正能量相关的视频；定位于穿搭，就坚持发穿搭相关的视频……前期最好做原创内容，内容越专业、越垂直，吸引到的粉丝也就越精准，转化率相对来说就越高。除了垂直领域的内容，还要时刻关注热点题材、热门视频，这样容易获得流量。

第五步，账号运营。短视频的魅力在于流量分配是去中心化的，每个人刷到的短视频内容都是不一样的。同理，我们拍的任何一个视频，无论质量好坏，发布之后一定会有播放量，从几十到上千都有可能。这个就是经常提到的流量池。例如，抖音给每一个作品都提供了一个流量池，视频效果的好与坏，就取决于该作品在这个流量池里的表现。抖音评价一个作品在流量池中的表现，会参照4个标准：完播率、点赞量、评论量、转发量。

账号运营实操的过程中会涉及很多细节，但是在写方案的时候不需要把所有的细节都体现出来，主要体现以下几点即可：一是除了视频内容本身以外的运营细节；二是免费的推广方式；三是付费的推广方式；四是用户管理；五是数据管理；六是变现方式。

③短视频营销策略

用有趣的内容吸引受众：要想在短视频上卖东西首先需要将受众吸引过来，因此，最好不要从一开始就带着明显的商业目的。例如，视频博主可以通过展示真实的农村生活来吸引观众。在视频时代，"真实"是受人喜爱的重要特质，视频博主拍摄一些农村有趣的风土人情，让观众观看农村生活的同时获得快乐，就能够吸引更多的受众。

如今抖音中获得最多阅读和点赞的往往都是一些搞笑的视频，说明抖音主要用户的诉求就是娱乐。因此，这就需要视频博主发挥自己的创造力，思考如何让内容变得有趣，这样才能扩大传播，积攒粉丝。

打造特别的人设：抖音上的视频博主很多，如何给人留下印象，是一件技术含量很高的事情，而打造人设是增加识别度的最佳途径。很多娱乐明星、商业名人，无不在利用人设去增强自己的识别度，从而达到他们的商业目的。

农林产品销售者可以综合考虑自身性格、所销售的农林产品特性以及拥有的拍摄条件来决定打造一个什么样的人设。

保持一定的更新频率：将粉丝吸引过来之后，如何经营粉丝也是一个重要问题，即用户留存。博主与粉丝的关系应该是一种"定期约会"的状态，必须保持一定的曝光率，才能够留住粉丝，否则在信息爆炸的时代，粉丝很容易"移情别恋"。增加曝光率同时也要合理选择视频发布的时间，一般来说，晚上下班之后是使用抖音人数最多的时候，特别是20:00以后；而22:00以后更适合推销食品，此时用户购买率会大大提升。

做好以上3件事，就可以开始销售产品了。在技术层面上，需要在抖音的个人设置上开通"商品分享功能"，申请通过之后，就可以将自己想要卖的农产品在商品橱窗中展示出来，每次发布视频时还可以在视频下方添加相关商品的链接，用户点击链接直接跳转到商品的购买页，进行交易。

随着技术使用门槛的降低，越来越多的普通农民也可以使用新媒体来展示自己，这些新的平台也为农林产品直接对接广大消费者提供了渠道，打通了农产品到城市的道路，缩短了从生产地到市场的距离，在降低销售成本的同时真正实现让农民获利，这是短视频平台为农民带来的重要机遇。

任务实施

1. 在班级中以居住地县域为范围进行分组。
2. 每组选择一个家乡名优农林产品开展新媒体营销推广，小组成员进行任务分工，并制作微博话题营销和短视频营销方案。

3. 制作短视频和微博话题。
4. 开展推广活动。
5. 小组成员开展总结。
6. 在班级中进行汇报、评比。

任务5-4 农林产品其他营销方式

任务目标

1. 掌握电子邮件、软文、论坛营销技巧。
2. 会应用电子邮件、软文和论坛营销方式对相关项目的网店进行推广。

工作任务

1. 选取农林产品进行电子邮件营销、软文营销、论坛营销的案例进行分析。
2. 选取一种家乡的农林产品,为其制订营销方案。

知识准备

1. 电子邮件营销

电子邮件是一种用电子手段提供信息交换的通信方式,是互联网应用最广的服务之一。通过电子邮件系统,用户可以用非常低廉的价格,以非常快的速度,与世界上任何一个角落的网络用户联系。电子邮件可以是文字、图像、声音等各种方式。同时,用户可以得到大量免费的新闻、专题邮件,并实现轻松的信息搜索。

(1) 电子邮件营销分类

不同形式的电子邮件营销有不同的方法和规律,首先应该明确电子邮件营销有哪些类型,这些电子邮件营销又分别是如何进行的。可以通过以下4种方法对电子邮件营销进行分类。

①按照是否经过用户许可分类 按照发送信息是否事先经过用户许可,可将电子邮件营销分为许可电子邮件营销和未经许可电子邮件营销。

②按照电子邮件地址的所有权分类 潜在用户的电子邮件地址是企业重要的营销资源。根据用户电子邮件地址资源的所有形式,可将电子邮件营销分为内部电子邮件营销和外部电子邮件营销。内部电子邮件营销又称内部列表,是指一个企业或网店利用一定方式获得用户自愿注册的资料来开展的电子邮件营销;外部电子邮件营销又称外部列表,是指利用专业服务商或者具有与专业服务商一样可以提供专业服务的机构提供的电子邮件营销服务,企业本身并不拥有用户的电子邮件地址资料,也无须管理维护这些用户资料。

③按照营销计划分类 根据企业的营销计划,可将电子邮件营销分为临时性电子邮件营销和长期电子邮件营销。临时性电子邮件营销包括不定期的产品促销、节假日问候、新产品通知等;长期电子邮件营销通常以企业内部注册会员资料为基础,主要表现为新闻邮

件、电子杂志、客户服务等各种形式的邮件列表。

④按照电子邮件营销功能分类　根据电子邮件营销功能的不同，可将电子邮件营销分为客户关系电子邮件营销、客户服务电子邮件营销、在线调查电子邮件营销和产品促销电子邮件营销。

(2) 电子邮件营销步骤

实现电子邮件营销有以下 5 个基本步骤：

①潜在顾客有兴趣并感觉到可以获得某些价值或服务，从而加深印象，然后按照营销人员的期望，自愿加入许可的行列中去。

②当吸引了潜在顾客的注意力之后，营销人员应该加以利用。例如，可以为潜在顾客提供一套演示资料或者教程，让顾客充分了解公司的产品或服务。

③继续提供激励措施，以保证潜在顾客在许可名单。

④为顾客提供更多的激励从而获得更大范围的许可。例如，给予会员更多的优惠，或者邀请会员参与调研，提供更加个性化的服务等。

⑤一段时间之后，营销人员可以利用获得的许可改变用户的行为。通过这种方式使顾客消费，并不意味着许可营销的结束，相反，这仅仅是将潜在顾客变为真正顾客的开始，如何将这些顾客变成忠诚顾客甚至终生顾客，仍然是营销人员工作的重要内容。

(3) 电子邮件营销基本技巧

只有专业的电子邮件营销才能取得良好的效果，电子邮件营销的技巧是要更加细心一些，经常站在用户的角度来考虑问题。

①邮件主题设计　邮件主题对用户是否打开邮件具有重要影响，邮件主题的主要作用表现在以下几方面：

- 让收件人快速了解邮件的大概内容或者最重要的信息。
- 在邮件主题中表达基本的营销信息。
- 为了区别于其他类似的邮件。
- 为了方便用户日后查询邮件。
- 尽可能引起收件人的兴趣。

②邮件主题设计常见问题

没有邮件主题：邮件没有主题是非常不明智的，一方面，浪费了宝贵的营销资源，可能会因此失去潜在用户；另一方面，是对收件人的不尊重，让收件人去猜想邮件的内容，并且为以后在大量的邮件中查找这封邮件带来很大困难。另外，对收件人来说，发件人的信息如果是陌生的，那么没有主题的邮件将很难为用户留下良好的第一印象。

邮件主题过于简单或者过于复杂：过于简单的主题难以表达出邮件内容的核心思想，从而不能引起收件人的高度关注，同时也很容易造成混淆和误解。邮件主题为"您好""资料""新书""在线调研"等，显然都没有完全发挥出邮件主题应有的营销价值。如果一封邮件是关于新鲜农林产品的推广，采用主题为"××公司纯绿色无公害农林产品优惠推广"比仅用"新鲜农林产品"作为邮件主题要好得多。当然，过于复杂的邮件主题也不好，会显得很啰唆，无法突出重点。

邮件主题信息不明确：这主要表现为邮件主题和内容没有直接关系，或者没有将邮件内容中最重要的意思表达出来。有些邮件有意采取故弄玄虚甚至是欺骗的手段来获得用户的关注,从而得到较高的开信率。韩国、日本等一些国家在关于电子邮件广告的法规中规定,广告邮件必须在主题中注明"广告"字样,这是对采用欺骗性邮件主题的一种强制纠正措施。尽管我国目前没有类似的规定,但作为规范的电子邮件营销活动,企业都应该做到自律,尊重用户,尊重网络营销伦理。

邮件主题信息不完整:用简短的文字表达完整的企业品牌、产品、诉求重点等信息不是容易的事情,于是一些邮件主题往往顾此失彼,尤其是当企业信息和邮件内容的诉求重点很难用简练的文字表达时,通常会看到一些邮件主题要么只有企业名称,要么只有产品信息,或者任何重点都没有表现出来。

邮件主题没有吸引力:是否阅读邮件完全取决于收件人的个人行为,在保证信息明确和完整的前提下,还应注意邮件主题对用户的吸引力。一个邮件主题就相当于一条广告语,不是随便可以写出来的,没有经过深思熟虑的邮件主题对用户是没有吸引力的。

2. 软文营销

农林产品进行微信营销活动成功与否,关键在于如何进行软文写作推广。

软文营销是指企业策划人员或者广告策划人员针对企业营销的策略,对公司的产品或服务通过撰写一些技巧类、实战性的文章吸引读者的注意,在给读者提供他们所需产品信息的同时也深深地把企业的品牌、理念等烙在了读者的心中,从而达到营销的效果。

(1)软文写作方式

软文写作方式包括以下几种:

①悬念式　又称设问式。核心是提出一个问题,然后围绕这个问题自问自答。通过设问引起话题和关注是常用方式。如"人类可以长生不老?""什么使她重获新生?"

②故事式　通过讲一个完整的故事带出产品,使产品的"光环效应"和神秘性给消费者心理造成强暗示,使销售成为必然。如"1.2亿元买不走的健康秘方""神奇的植物胰岛素""印第安人的秘密"等。

③情感式　该方式最大的特点就是容易打动人,容易走进消费者的内心。如"回忆'儿时'的味道"。

④恐吓式　恐吓式软文属于反情感式诉求,情感诉说美好,恐吓直击软肋。如"高血脂,瘫痪的前兆!""天啊,骨质增生害死人!"

⑤促销式　如"城市人抢购××新鲜农产品""××新鲜农产品入驻盒马生鲜"。

(2)软文中产品信息表达方式

①软文开头,需要很自然地流出产品信息　人们在看软文时,最先看到的是开头部分。所以,如果有产品信息在软文开头中很好地流出,那么软文的效果就会有很大的提升。

②软文的内容中,需要合理地点出产品信息　合理地点出产品信息非常重要,常用的方法是介绍一些产品的优点、好处或在没有出现该产品之前的一些困难等,在最后点出产品名称。

③软文结尾,产品信息流出更是重中之重　如果在结尾部分有该产品信息,对于软文的效果是非常有帮助的。结尾的产品信息常采用一笔带过的形式,不需要展开说明,广告

信息过多会让用户警觉。

3. 论坛营销

论坛又称 BBS。网络上 BBS 的英文全称是 bulletin board system，中文译为电子公告板。论坛营销是指企业利用论坛这种网络交流平台，通过文字、图片、视频等方式发布企业的产品和服务信息，从而让目标客户更加深刻地了解企业的产品和服务，最终达到宣传企业的品牌、加深市场认知度的网络营销的行为。

（1）论坛营销分类

①门户类　如新浪论坛、搜狐社区、腾讯社区等。

②论坛类　如猫扑、百度贴吧、天涯、西祠胡同等。

③行业类　如搜房家居论坛、和讯论坛、太平洋电脑论坛等。

④地域类　如城市论坛、大洋网论坛、大河网论坛等。

（2）论坛营销技巧

①选择合适的论坛　一是选择有自己潜在客户的论坛；二是选择有人气的论坛，但人气太旺也有弊病，因为帖子可能很快就被"淹没"，这就需要持续跟帖以增加曝光，同时要优化帖子排名；三是选择有签名功能的论坛；四是选择有链接功能的论坛；五是选择有修改功能的论坛。

②内容要有争议性　内容若没有争议性，大家都只是一看而过，很少会发表评论，所以内容要有争议性。这里所说的争议是指能够引起讨论和辩论的争议。

③借助于他人的热帖　要想创造出受欢迎的帖子不是一件容易的事情。可以在论坛上寻找一些回帖率很高的帖子，将其在其他论坛进行转帖，并在帖子末尾加上自己的签名进行宣传或加上自己的广告进行宣传。

④长帖短发　论坛中，一般很少有人有耐心能将太长的帖子读完，所以一定要长帖短发。长帖短发并不是把帖子尽量缩短，而是将一帖分成多帖，以跟帖的形式，分多次发布，但不要超过 7 帖，并且可以每隔一段时间发一帖，以让他人有等待的欲望。

⑤用好头像和签名　可以专门设计一个头像宣传自己的品牌。签名可以加入自己网站的介绍和链接。

⑥利用回帖功能　如果在回帖中发布广告，一定要争取在前 5 位回帖，这样被浏览的概率要高一些，为此，可以搜寻一些刚刚发表的帖子，以便迅速发布回帖。

 案例

凡客诚品的电子邮件营销

任何 B2C 企业发展到一定的阶段，会员的维护就会成为企业一个极其重要的关注点，企业的感情纽带是否能牢牢地"绑架"会员，关系到企业的生死存亡。在众多新型的网络"营销新贵"之中，"老牌贵族"电子邮件以其"不主动打扰"同时兼具感情维护与营销功能的特性，成为大部分 B2C 企业开展会员维护与营销的首选方式。下面就以凡客诚品一封普通的邮件作为案例，对凡客诚品的电子邮件营销细节进行详细的分析。

仔细分析凡客诚品的邮件，可以发现专业的邮件营销如何做：

(1)时机。凡客的用户满意度调查在用户签收订单后11~12天发送到用户邮箱，时机选择极为巧妙。与部分B2C企业在用户签单第二天即发送用户满意度调查邮件不同，11天能让用户对衣服有一个完整的体验过程——第一次穿着、洗涤、晾晒的效果，第二次穿着……刚好有1~2个完整的周期，用户在此种情况下愿意将真实的体会与网友共享。

(2)结构。邮件分为3个部分，包括调查、促销、答疑，三部分结构层次清晰，特别是在调查邮件中包含热销新品的促销信息，能促使用户进行二次消费。

(3)设计。营销邮件的内容采用图片与文字相结合的方式，图片与文字结合不仅能吸引用户的注意，更重要的是，包含图片与文字内容的邮件能降低被邮件服务提供商（ISP，如163、sohu、QQ）判为垃圾邮件的风险。

凡客诚品电子邮件营销的专业性在很多地方均有展现。电子邮件营销不是简单地给用户发送邮件，它是企业用户体验的一个重要组成部分，与网站/客服电话的用户体验并重。专业的ESP企业能协助快速建立邮件营销体系，确保用户能获得完美的购物体验。

任务实施

1. 在班级中进行分组，每组5人，协作配合搜集整理近两年成功的电子邮件营销、软文营销、论坛营销案例并进行分析，撰写案例分析报告，并制作汇报PPT。

2. 小组选取一种家乡的农林产品，从邮件营销、软文营销、论坛营销中选取一种为其制订营销方案。小组之间对营销推广方案进行分析、改进。

3. 在班级中进行汇报、评比。

项目6　农林产品网店客户服务

客户服务质量是影响企业品牌声誉和客户忠诚度的关键因素，也是直接影响收益的因素，客户服务质量有时已经超过产品质量本身。网店客户服务是客户服务的一个重要部分，特别是对农林产品网络客户，其不但能成为对客户购买行为产生决定性影响的因素之一，而且能成为企业为客户提供的核心价值之一。

学习目标

知识目标
1. 掌握农林产品客户需求特征的演变。
2. 掌握农林产品网络客户服务不同阶段的服务要点。
3. 掌握网店客户服务的概念、内容和策略。
4. 了解网络客户服务的常用工具。

能力目标
1. 能够设计合理的常见问题解答。
2. 能够借助电子邮件进行网店客户服务。

素质目标
1. 培养良好的服务意识，热情主动，耐心细致。
2. 提高沟通协调和语言表达的能力，思维敏捷，能承受一定的工作压力。

知识体系

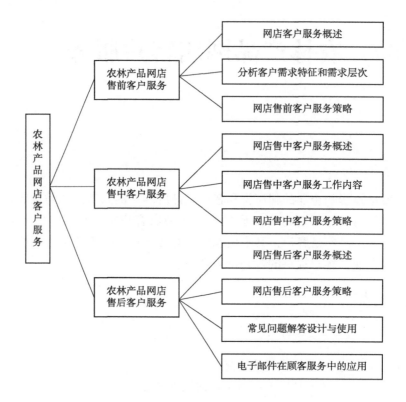

案例导入

《三农中国》报道电商客服

电商客服在农产品电商领域往往被人们看作一个不起眼的角色。但是作为直接接触顾客的群体，这看似不起眼的客服团队，甚至可以决定一家农产品电商的成败。西部证券高级分析师王冬梅表示，打造高效、高质量的农村电商客服团队不容忽视。

王冬梅：对于电商来说，客服虽然是个不起眼的角色，但却非常重要。由于承担了与客户直接沟通交流的责任，因此在一定程度上来说，客服的形象就是店铺的形象，而店铺的形象就是企业的形象。店铺要获得流量不容易：文案的准备，美工的设计，产品交互的开发，活动运营的策划……而客服不恰当的表现，很可能会让前面的一切都付诸东流，甚至发酵成为负面口碑，让店铺失去潜在的客户群体。

有人说，"客服是离客户钱袋最近的人"，足见其重要性。客服团队可以说是店铺的"秘密武器"，运用得当就会有四两拨千斤的效果。虽然会带来一部分成本的增加，但是长期来看，一支高效、高素质的客服团队给企业带来的回馈是不可估量的。

案例思考：

农林产品网络客服工作如何开展？

任务 6-1　农林产品网店售前客户服务

任务目标

通过对相关天猫店铺的调研与了解，让学生掌握本地农特产品市场消费的需求共性，有针对性地对山西农林产品消费者购买原因、消费决策进行调研分析，从而为制订合理的网店客户服务策略奠定基础。

工作任务

1. 对网店的客户服务情况展开调研，撰写一份简单的调研报告，并对主要问题进行汇总。

2. 根据马斯洛的需要层次理论，结合调研结果，撰写一份山西农特产品网店客户服务计划书，要求满足各个层次目标消费者的要求。

知识准备

1. 网店客户服务概述

（1）网络客户服务含义

在网络营销中，网络客户服务是构成网络营销产品的重要组成部分。企业通过互联网提供给客户的服务产品，一种是属于网络营销整体概念中作为有形实体产品核心利益的附加或延伸利益的服务，它是网络营销产品附加利益的重要组成部分；另一种是独立向消费者提供利益的网上服务，称为网上服务产品。

①网络营销产品附加利益层的服务　有形实体产品的网络营销过程，根据客户与企业发生关系的阶段，可以分为销售前、销售中和销售后 3 个阶段。因此，按照服务在有形实体产品网络营销过程中所处的阶段，可以划分为网上售前服务、售中服务和售后服务。

②独立向用户提供利益的网上服务　在网络营销活动中，企业可以利用信息技术及互联网的特性开发多种大众化的信息服务产品，如新产品开发与使用信息的发布、生活常识的介绍等；可以提供众多专业化的信息服务产品，如网上股票信息、网上教学、网上诊疗等；也可以提供适应不同用户群的娱乐、消遣性的服务产品，如网络游戏、网上影院等。

在企业的网络营销站点中，网上服务产品是重要组成部分。有的企业建设网站的主要目的就是提供网上服务，包括提供产品分类信息和技术资料，方便客户获取；提供产品相关知识和链接，方便客户深入了解产品，从其他网站获取帮助。常见问题解答（frequently asked questions，FAQ）可以帮助客户直接从网上寻找疑难问题的答案；网上虚拟社区为客户提供发表言论和相互交流学习的园地；客户邮件列表使客户可以自由登录和了解网站最新动态，使企业可以及时发布消息。借助网站这些基本的功能，一方面，企业可以向用户发布产品或服务的信息，提升企业的服务水平；另一方面，企业也可以从用户那里接收反馈信息，同时企业与客户还可以直接进行互动式沟通。

(2) 网络客户服务内容

网络客户服务过程实质上是满足客户除产品以外的其他派生需求的过程。用户上网购物所产生的服务需求主要有以下方面：了解企业产品和服务的详细信息，从中寻找能满足他们个性需求的特定信息；需要企业帮助解决产品使用过程中发生的问题；与企业有关人员进行网上互动接触；了解或参与企业营销全过程。因此，网络客户服务的内容主要有以下几个方面：

①全方位的信息服务　用户做出购买决策，需要了解比较全面的产品或服务信息，以增强决策的科学性。提供全面而详细的产品信息是网络营销的最大优势，这是传统的营销媒体难以比拟的。

②针对性的个性化服务　从人们对服务的需求而言，电子商务时代是一个服务需求多样化、个性化的时代。网络营销的个性化服务正是顺应了用户个性化需求的趋势，其特点是企业针对每个用户的不同需求提供相应的信息服务，目标是达到量身定做。

③多元化的促销服务　网络可以采用多元化的服务策略，使服务方式和内容多样化，例如，可以采用传统的折扣优惠，包括批量折扣及热销商品、廉价商品和专家精选商品推销等；也可以利用网络技术提供服务。

④网上个人定制　是指网上用户可以按照自己的要求，自己设定网上信息的来源和方式、表现形式、特定功能及其特有的网上服务方式等，以达到方便、快捷地获取所需服务内容的目的。可以说，网上个人定制的服务方式是个性化服务的一种高层次表现。

(3) 网络客户服务意义

①塑造店铺形象　对于一个网上店铺而言，客户看到的商品都是一张张图片，而看不到商家，由于无法了解店铺的实力，往往会产生距离感和怀疑感。通过和客服在线交流，客户可以切实感受到商家的服务和态度，客服的一个笑脸或者一个亲切的问候，都会让客户感觉自己不是在跟冷冰冰的屏幕和网络打交道，而是和一个善解人意的人在沟通，这样会帮助客户放下开始的戒备，从而在客户心目中树立店铺的形象。当客户再次购物的时候，会优先选择那些他所了解的商家。

②提高成交率　很多客户都会在购买商品之前针对不太清楚的内容询问商家，或者询问优惠措施等。在线客服能够随时回复客户的疑问，让客户及时了解需要的内容，从而达成交易。有的时候，客户不一定对产品本身有疑问，仅仅是想确认一下商品是否如实物等，这时在线的客服可以打消客户的很多顾虑，促成交易；对于犹豫不决的客户，一个有着专业知识和良好销售技巧的客服，可以帮助买家选择合适的商品，促成客户的购买行为，从而提高成交率；有时客户拍下商品，但是并不着急付款，这时在线客服可以及时跟进，通过向买家询问汇款方式等督促买家及时付款。

③提高客户回头率　当买家顺利完成一次交易，买家不仅了解了卖家的服务态度，也对卖家的商品、物流等有了切身的体会。当买家需要再次购买同样商品的时候，就会倾向于选择自己所熟悉和了解的卖家，从而提高了客户再次购买概率。

④更好地服务客户　如果把网店客服仅仅定位于和客户的网上交流，那么这仅仅是服务客户的第一步。一个有着专业知识和良好沟通技巧的客服，可以给客户提供更多的购物建议，更完善地解答客户的疑问，更快速地对买家售后问题给予反馈，从而更好地服务于客户。

(4) 网络客户服务需具备的基本能力

① 技术要求　熟悉计算机并具有快速录入能力。客服一般不需要具有太高深的计算机技能，但是需要对计算机有基本的认识，包括熟悉操作系统；会使用办公软件；会发送电子邮件；会管理电子文件；会上网搜索找到需要的资料。录入方面至少应该熟练掌握一种输入法，能够盲打输入。以上是对客服的基本要求。

② 品格要求

诚信：商家在强调诚信的同时，客服也应该秉持诚信的工作态度，诚信待客、诚实工作、诚实对待失误和不足。

耐心：在线服务客户，需要客服有足够的耐心。有些客户喜欢问比较多、比较具体的问题，主要是因为客户有疑虑或者比较细心，这时需要客服耐心地解释和解答，打消客户的疑虑，满足客户的需要。有些客户一个问题可能要问好几次，甚至好几天，一个好的客服一定要耐心地把工作做好，第一次聊天能够博得客户的好感，几乎是成功了一半。

细心：面对店铺中的商品，面对客户，处理订单，都需要客服非常细心地去对待。一点点的错漏和贻误，都会耗费更多时间和精力来处理。

同理心：客服要把自己当作客户，设身处地去体会客户的处境和需要，给客户提供更合适的商品和服务。

自控力：客服作为一个服务工作，首先要有一个良好的心态来面对工作和客户，要控制好自己的情绪，耐心地解答，有技巧地应对。

2. 分析客户需求特征和需求层次

(1) 客户需求特征的发展历程

农林产品网络营销的核心不是技术，而是商务和服务。现代客户需求特征的演变规律是营销理论不断进化的内在动力，因为现代营销学的根本出发点是满足客户的需求。因此，分析客户的需求变化，有针对性地进行改进，是农林产品企业开展网络营销的前提。客户需求的发展大致经历了以下几个阶段：

① 个性化需求突出　20世纪50年代的销售形式多为一个区域内的人到小百货商店购买所需的产品。由于购买人数少、购买地点集中，零售店主比较熟悉每位顾客的消费习惯和偏好。零售店主在组织货源时不会引入人们不需要的物品，同时会根据顾客的偏好和习惯向他们推荐商品。该时期的零售店主自发地进行着较低层次的个性化服务。

📋 知识链接

日本零售商的服务方式

在日本，化妆品零售商自18世纪起至今都沿袭着这种顾客服务方式：他们的销售代表和每一位顾客保持着联系，定期走访每一位顾客，根据顾客的皮肤特征向他们推荐产品，定期补充已用完的化妆品，处理已过期的化妆品，反馈顾客意见等，以取得顾客的信任，建立对产品的忠诚度。

②大规模市场营销时代的服务 到20世纪50年代，大规模市场营销借助于电视广告、购物商场、超级市场、大规模生产的工厂以及适合大批量消费的社会环境，开始改变人们的消费方式。大规模市场营销使企业失去了和客户之间的亲密关系，企业将统一规格、统一样式的产品推向市场，客户只是企业统计报表上的数字，而不是有需求差别的人。企业过多地依赖市场调研、人口统计、样品市场测试等方法，而忽略了最重要的营销决策方法，即与客户保持对话，把客户看成是有特殊需求的人，而不仅是市场调研中的一个数字。

③回归个性化时代的服务 随着计算机技术与网络的发展，市场营销又回到了个性化的服务。互联网的出现加快了从大规模市场营销向细分市场的转移，客户服务成为企业的一个重要方面，消费观念、消费方式和消费者的地位都发生了重要的变化。当代消费者心理与以往相比呈现出新的特点和趋势：

个性消费的回归：在过去相当长的一段时期内，工商业都是将顾客作为单独个体进行服务，个体消费是主流。只是到了现代，工业化和标准化的生产方式才使顾客的消费个性被淹没在大量的成本、单一化的产品洪流之中。然而，没有一个顾客的心理是完全相同的，每一个顾客都是一个细分市场。心理上的认同感已成为人们做出购买品牌和产品决策的先决条件，个性化消费再度成为消费的主流。

消费需求的差异性：顾客的个性化消费使网络消费需求呈现出差异性。网络顾客因所处的时代、环境不同而产生不同的需求，即使在同一需求层次上需求也会有所不同。所以，从事网络营销的厂商要想取得成功，必须在整个生产过程中，从产品的构思、设计、制造到产品的包装、运输、销售，认真思考这种差异性，并针对不同顾客的特点，采取有针对性的方法和措施。

消费主动性增强：消费主动性的增强来源于现代社会不确定性的增加和人类追求心理稳定和平衡的欲望。网络消费者以年轻人为主，主动性消费是其特征。

对购买方便性的需求与购物乐趣的追求并存：在网上购物，除了能够完成实际的购物需求以外，顾客还能够得到许多信息，并体验到在传统购物上体验不到的乐趣。另外，网上购物的方便性使购买者节省大量的时间和精力。

网络消费成本低：正常情况下，网络消费的低成本使经营者有能力降低商品销售的价格，并开展各种促销活动，给顾客带来实惠。

网络消费具有层次性：网络消费本身是一种高级的消费形式，但就其消费内容来说，又可以分为不同层次。在网络消费的开始阶段，人们侧重于精神产品的消费；到了网络消费的成熟阶段，他们完全掌握了网络消费的规律和操作，并且对网络购物有了一定的信任感后，才会从侧重于精神消费品的购买转向日常消费品的购买。

网络顾客的需求具有交叉性：在网络消费中，各个层次的消费不是相互排斥的，而是具有紧密的联系，需求之间广泛存在着交叉的现象。

网络消费需求的超前性和可诱导性：根据CNNIC的统计，在网上购物的消费人群以经济收入较高的中、青年为主，这部分群体比较喜欢超前和新奇的商品，也比较容易被新的消费动向和商品介绍所吸引。

网络消费中女性占主导地位：喜欢消费和购物是女性的天性，在现实生活中如此，在网上的虚拟社会中也是如此。根据CNNIC 2012年12月的统计,我国女性网民已经占到网民总量的44.2%,总数达到2.491亿人。

(2) 分析客户需求层次

现代顾客是需求各异,且容易接受新鲜事物,他们对公司客户服务的需求按层次由低到高分别为:

①需要了解企业产品、服务信息　现代顾客需要了解产品、服务的详细内容,从中寻找能满足他们个性化需求的特定信息,这是传统的营销媒体难以实现的。在图书市场上,顾客需要的信息也可以是喜欢的某一位作家的所有在版图书,或研究的某个专题的最新资料等。过去,我们需要某种信息时需要翻阅最近有关的书目,定期到当地大型图书馆或书店寻找,而现在一些网上书店的自动搜索工具可以为顾客搜寻他所需要的图书信息,并及时给顾客发送电子邮件。

②需要企业帮助解决问题　从产品安装、调试、使用到故障排除、提供关于产品更深层次的知识等都是客户服务的工作范围。帮助顾客解决问题常常占据了传统营销部门大量的时间、人力,而且这其中的一些常见问题反复出现,服务人员重复着同一类问题的答案,效率低下而且服务成本高。现代顾客需要的不仅是一个问题得到解决,同时还需要对产品进行自我学习、自我培训。一些大企业都在他们的网络站点中设置了供顾客学习的知识库,不仅能提供常见问题的解决方案,还能将顾客自我培训为产品专家。

③需要接触企业人员　现代顾客不仅需要了解产品、服务信息以及解决问题的方法,同时还需要像传统顾客一样,在必要的时候和企业有关人员直接接触,要求他们解决比较困难的问题、学习一些特殊的知识或反馈意见。

④需要了解整个过程　现代顾客常常需要作为整个营销过程中的一个积极主动因素参与产品的设计、制造、运送等,这一点充分体现了现代顾客个性化服务的双向互动特性。顾客了解的产品信息越详细,他们对自己需要什么样的产品也就越清楚。企业要实现个性化的客户服务,应将其主要顾客的需求作为产品定位的依据纳入产品的设计、制造、改进过程中。让顾客了解整个过程实际上就意味着企业和顾客之间"一对一"关系的建立。这种关系的建立为小企业挑战大企业独霸市场的格局提供了有力的保证。小企业对市场份额的不断占领是大规模市场向细分市场演变的具体表现。

以上4个层次的需求之间有一种相互促进的作用。本层次需求满足得越好,就越能推动下一层次的需求,企业和顾客之间的关系就越密切。整个过程是一种螺旋式的上升,不仅促进公司对顾客需求有更充分的理解,也会引起顾客对公司期望的提升,最终不仅实现了"一对一"关系的建立,而且该关系还会不断地巩固、强化。

 案例

老太太买水果

一位老太太每天去菜市场买菜、买水果。一天早晨,她提着篮子来到菜市场。遇到第一个小贩,是卖水果的,问老太太要不要买一些水果。老太太说:"你有什么水果?"

小贩说:"我这里有李子、桃子、苹果、香蕉,你要买哪种呢?"老太太说要买李子。小贩赶忙介绍自己的这个李子又红又甜又大,特别好吃。老太太仔细一看,果然如此,但却摇摇头,没有买,走了。

老太太继续在菜市场转,遇到第二个小贩。这个小贩也像第一个小贩一样,问老太太买什么水果。老太太说买李子。小贩接着问:"我这里有很多李子,有大的、小的、酸的、甜的,你要什么样的呢?"老太太说要买酸李子。小贩说:"我这堆李子特别酸,你尝尝?"老太太一咬,果然很酸,满口的酸水,马上买了一斤李子。

买完李子后老太太没有回家,继续在菜市场转。遇到第三个小贩。同样,小贩问老太太买什么,老太太说买李子。小贩接着问要买什么李子,老太太说要买酸李子。小贩很好奇,又接着问:"别人都买又甜又大的李子,你为什么要买酸李子?"老太太说:"我儿媳妇怀孕了,想吃酸的。"小贩马上说:"老太太,你对儿媳妇真好!儿媳妇想吃酸的,就说明她想给你生个孙子,所以你要天天给她买酸李子吃,说不定真给你生个大胖小子!"老太太听了很高兴。小贩又问:"那你知道不知道孕妇最需要什么样的营养?"老太太说不知道。小贩说:"其实孕妇最需要的是维生素,因为她需要供给胎儿维生素。所以光吃酸的还不够,还要多补充维生素。"他接着问:"那你知不知道什么水果含维生素最丰富?"老太太还是不知道。小贩说:"水果之中,猕猴桃含维生素最丰富,所以你要经常给儿媳妇买猕猴桃才行!这样的话,确保你儿媳妇生出一个漂亮健康的宝宝。"老太太一听很高兴,马上买了一斤猕猴桃。当老太太要离开的时候,小贩说:"我天天在这里摆摊,每天进的水果都是最新鲜的,下次来就到我这里来买,还能给你优惠。"从此以后,这个老太太每天在这个小贩这里买水果。

在这个故事中,我们可以看到:

第一个小贩急于推销自己的产品,根本没有探寻顾客的需求,自认为自己的产品多而结果什么也没有卖出去。

第二个小贩有两个地方比第一个小贩聪明:一是他第一个问题问得比第一个小贩高明,是促成式提问;二是当他探寻出客户的基本需求后,并没有马上推荐商品,而是进一步纵深挖掘客户需求。当明确了客户的需求后,他推荐了对口的商品,很自然地取得了成功。

第三个小贩是一个销售专家。他的销售过程非常专业,首先探寻出客户深层次的需求,然后激发客户解决需求的欲望,最后推荐合适的商品满足客户需求。他的销售过程主要分为六步:第一步,探寻客户基本需求;第二步,通过纵深提问挖掘需求背后的原因;第三步,激发客户需求;第四步,引导客户解决问题;第五步,抛出解决方案;第六步,成交之后与客户建立感情关系。

3. 网店售前客户服务策略

(1)发布产品信息和相关知识,培养消费需求

销售之前,企业应积极利用网络媒体开展多方面的顾客教育活动,利用网络发布产品信息,介绍消费时尚,宣传消费知识,营造消费文化,培养消费观念等服务。网上发布的产品信息应尽量全面,使客户看到后基本上不再需要通过其他渠道去了解。另外,需要注

意的是，很多企业提供的服务往往是针对某一特定群体，并不是针对网上所有公众。对于一些农林产品，客户在选择、购买与使用时需要了解与产品相关的知识和信息，企业在详细介绍产品各方面信息的同时，还需要介绍一些相关的知识，帮助客户更好地使用产品，以增强他们对购买行为的信心，减少顾虑，提高满意程度。

(2) 建立虚拟展厅充分展示产品形象，激发购买欲望

网上购物的缺点之一是难以满足人们眼观手摸商品的需求。如果建立网上虚拟展厅，利用网络上立体逼真的图像，结合声音并设置味道可以将产品更好地展现在网络用户面前，使大家如身临其境一般感受到产品的存在。对产品有一个较为全面的认识与了解，会激发网络用户的需求与购买欲望。在技术上，企业应在展厅中设置不同产品的显示界面，并建立相应的导航系统，能迅速、快捷地寻找到所需要的商品信息。

案例

用耐心关怀化解犹豫

厦门有一位女士对网购家具极度犹豫，询问次数很多，却迟迟不下单。

为了解决她的犹豫，客服每天都会主动与她时不时地聊几句，打招呼，问候一下。这样持续服务了一个月，积累了150多页的聊天记录后，该女士终于下单购买了。

犹豫的背后是顾虑，如不信任质量、对价格敏感等，这类顾客不具有侵略性，所以客服应当主动。打消顾虑的最好方法就是成为顾客的朋友。客服可以用耐心来打消距离感。对顾客来说，客服就是商品的代言人，商品不会展示自己。而客服却可以，如果顾客相信了客服人员，还会有什么顾虑呢？

知识拓展

售前客服沟通的七个步骤

1. 招呼——及时答复，礼貌热情
2. 询问——热心引导，认真倾听
3. 推荐——体现专业，精确推荐
4. 议价——以退为进，促成交易
5. 核实——及时核实，买家确认
6. 道别——热情道谢，欢迎再来
7. 跟进——视为成交，及时沟通

任务实施

1. 通过网络调研，了解农林产品用户在网络消费前会关心哪些相关问题。
2. 以任务要求的调研店铺为例，按要求撰写调研报告。

任务 6-2 农林产品网店售中客户服务

任务目标

1. 了解网店售中客服的概念和作用。
2. 熟知售中客户服务的技巧和策略。
3. 熟知售中客户服务的工作流程。

工作任务

3~5 人为一组撰写调研报告，对于某一农林产品在网店销售过程中，客户可能提出的问题进行调研，将收集到的信息进行汇总统计，最终设计出针对这一特定农林产品售中客服服务的话术样本。

知识准备

1. 网店售中客户服务概述

（1）售中客户服务概念

网店售中客户服务是指在网店产品销售过程中为顾客提供的服务，是通过客服人员在线与顾客进行充分沟通，深入了解顾客需求，协助顾客选购最合适产品的活动。

（2）售中客户服务目标

网店售中客户服务的目标是为网络客户提供性能价格比最优的解决方案。针对客户的售中客户服务，主要体现为销售过程管理和销售管理。销售过程是以销售机会为主线，围绕销售机会的产生、销售机会的销售控制和跟踪、下单、价值交付等一个完整销售周期而展开的，是既满足客户购买商品欲望，又不断满足客户心理需要的服务行为。

优秀的售中客户服务会为网络客户提供一种享受，增强客户的购买决策。融洽而自然的售中服务还可以有效地消除客户与企业销售、市场和售后客服人员之间的隔阂，在买卖双方之间形成一种相互信任的气氛。因此，对于售中客户服务来说，提高服务质量尤为重要。

2. 网店售中客户服务工作内容

对于网店来说，售中客户服务主要包括以下工作内容：

（1）回答顾客咨询

①打开顾客咨询的详情页，在顾客打字过程中浏览该详情页。检查此款产品是否有货，然后给顾客介绍店铺最新的优惠政策和套餐。
②务必将产品的独有卖点告知顾客。
③不要刻意与顾客提示价格问题。

④围绕产品本身与顾客交流。

作为一个合格的客服,首先要对自己的产品很了解,知道产品的卖点在哪里,才能很好地介绍产品本身。同时,适当地给顾客推介一下同类的其他产品以及优惠产品。

(2)促单及赞美顾客

①根据情况肯定顾客挑选产品的眼光。

②把产品的优越性介绍给顾客。

③实事求是地介绍产品,所有的产品销售都离不开产品本身。

④一定要注意沟通语气。

不要吝啬自己的赞美之词,一定要肯定顾客的眼光,适当地去赞美顾客。给顾客带来一个良好的购物心情,可以减少很多不必要的问题。

(3)解决赠品相关问题及议价

①确认客户是否购买多个产品或购买金额比较大。

②申请赠品过程中仔细说明情况。

③不要刻意围绕价格与客户沟通。

④提示产品本身价值。

⑤根据情况向客户推荐其他产品。

顾客在与客服议价期间,客服尽量不要直接与顾客进行价格讨论,将话题引入产品本身的价值,把产品本身的优越性介绍给顾客,让顾客进行权衡,或者向顾客介绍所能接受的价格范围的产品。赠品要针对实际情况来定,不要一开始就承诺赠送礼品。

(4)沟通快递问题

①顾客长时间未回复,客服则需要主动与顾客沟通。

②要不间断地保持和顾客的联系。

③为顾客进行产品推荐。

④查看顾客所属地区,与顾客确认收货地址,并说明快递,询问是否可以到达。

顾客拍下产品并付款后,首先,客服要与顾客确认收货地址和电话是否正确;其次,确认顾客购买的产品颜色、款式等是否与拍下的产品一致。在沟通过程中,客服随时要保持与顾客的沟通交流,不断地进行产品介绍,如果顾客表明先了解一下产品稍后联系却没有回复,客服则需要主动联系顾客,这种情况往往能促成订单。

(5)沟通发货时间问题

①谨慎承诺宝贝的发货时间。

②务必在承诺时间前发货。

③活动期间,一定要保证发货时间和网店平台规则保持一致,并及时更新商品详细描述。

(6)售中客户服务结束语及订单跟踪问题

①使顾客了解收藏、评价产品或店铺的好处。

②邀请顾客加入微信群,方便及时与客服联系、解决问题。

③做好售后准备(产品出售不代表结束)。

④安排好顾客要求的物流。
⑤购物聊天务必以客服的话结尾。
⑥以围绕顾客满意购物、愉快生活等语句结尾。
⑦提醒顾客查收宝贝的时候一定要当场开包检查。
⑧及时跟踪物流信息，提醒顾客如满意请予以好评。

邀请顾客加入微信群很重要，因为这样可以积累很大一部分客户资源，为二次销售做准备。促销的时候可以通过微信群实时为顾客发送一些新产品以及活动优惠信息。还有一个重点就是需要及时跟踪顾客的物流信息，提醒顾客在产品满意的情况下给好评。

(7) 催单

催单指的是顾客拍下产品但未付款，客服需每天把前一天未付款订单进行统计，通过聊天或者其他形式向顾客介绍产品的卖点以及活动优惠信息等内容，尽量营造产品很畅销、很超值的印象，从而促使订单成功支付。

对于售中客服的日常来说，网店成交转化率和客服销售技巧是相关联的，因此，客服在销售的过程中应该不断地提升自己，承担起店铺客服运营的责任。而对于店主来说，要加强对客服的培训，以提高客服的综合技能，从而保证店铺转化率的稳定持续提高。关于客服培训，必要的时候可以学习电商客服外包公司的培训模式。

3. 网店售中客户服务策略

网店售中客户服务包括以下策略：

(1) 建立虚拟组装室，努力开展定制营销，满足个性化需求

在虚拟展厅中，对于一些可以由顾客自主决策进行组装的产品，可设计多种备选方案，由顾客根据自己的需求或喜好，对产品进行个性化组装。

(2) 建立实时沟通系统，增强顾客网上购物的信心

用户对网上购物的安全性与可靠性存有较大的顾虑。如果能建立及时的信息沟通系统，则可以大大消除他们的顾虑，增强他们网上购物的信心。为使网店的各种信息能够及时地传递给顾客，应建立及时、快捷的信息发布系统；为加强与顾客在文化、情感上的沟通，要建立信息的实时沟通系统，还要建立快速高效的用户查询系统。

(3) 发挥网络优势，提供个性化服务

提供个性化服务就是按照顾客的要求提供特定的有针对性的服务，包括服务时空的个性化、服务方式的个性化、服务内容的个性化。

任务实施

1. 3~5人为一组对某一农林产品在网店销售过程中消费可能提出的问题进行调研，将收集到的信息进行汇总统计与分析。

2. 设计一份针对这一特定农产品售中客服服务的话术样本。

任务6-3 农林产品网店售后客户服务

任务目标

1. 熟知售后客户服务的技巧和策略。
2. 掌握常见问题解答的设计与使用以及电子邮件在售后客户服务中的应用。

工作任务

了解网店售后客服的工作职责,了解网店售后客服好评邀请的重要性与好评邀请的方法,掌握农林产品网店售后好评邀请的话术特征。

知识准备

1. 网店售后客户服务概述

售后客户服务包括退换货及补偿、快递问题、返修、评价、错发货、维权、订单跟踪等一系列售后问题的服务。

(1) 售后客户服务重要性

①提升商品价值 商品价值是由商品的制造成本、使用价值及售后客户服务3个部分组成的。大多数买家都愿意为优秀的售后客户服务付费,因此,提升售后客户服务质量可以有效地提升商品价值。

②获取优质口碑 口碑营销是互联网商业环境中最重要的营销方式之一,通过售后客户服务在买家中间建立起优质的口碑,能够极大地促进商品的销量。同时,售后客户服务有保障的商品,更能刺激买家的购买欲望。

③提升复购率 近年来,网络店铺获取新客户的成本越来越高,店铺不得不将很大一部分精力转向留住老客户,也就是提升买家的复购率。

④降低店铺负面影响 如果网店缺少售后客户服务或售后客户服务不完善,导致买家的售后申请不能得到及时处理,必然会引发买家投诉,从而遭到平台的惩罚,店铺将会承受很大的经营风险。

案例

买家对售后客户服务的认可

顾客小方通过网络订购了一箱水果,快递员送来时已经是晚上,所以小方请小区物业代收商品。第二天,小方去取时发现包装有破损,立刻打开箱子,发现包装箱内商品没有任何保护措施,果品有不同程度的破损,于是小方立刻拍照给网店客服,不到10分钟,客服人员就给出了货物补发的处理,并非常真诚地进行道歉。客服的售后服务得到了小方的认可。

(2) 售后客户服务日常工作类型

①普通售后问题　指在正常交易下，买家由于某些主客观原因，对商品或服务表示不满，但仍愿意用沟通协调的方式去解决的售后问题。

发生普通售后问题的原因：当买家因为自己的主观原因、商品原因、物流原因或者其他原因等，对交易感到不满意时，会产生售后问题。当交易发生普通售后问题后，买家会到网站后台提起售后申请，希望通过交涉妥善解决问题。以淘宝网为例，其发生普通售后问题的原因见表6-1。

表6-1　发生普通售后问题的原因

买家的主观原因	不喜欢/不想要、拍错了、多拍了
商品原因	尺寸与商品描述不符、颜色/图案/款式不符、材质与商品描述不符、做工粗糙/有瑕疵、质量问题、甲醛超标、少件（含缺少配件）、卖家发错货、假冒品牌
物流原因	退运费、空包裹、未按约定时间发货、快递/物流一直未送到、快递/物流无跟踪记录、货物破损已拒签、收到商品时有破损/污渍/变形
其他原因	发票问题、7天无理由退换货

正常退换货的处理方法　退换货是指买家提出售后问题后，要求店铺在不低于原价格的基础上退换商品。退换货政策一般在商品页面进行说明，尤其是运费方面的说明。正常退换货的处理方法如下：

- 收到货物少件、破损等问题：先联系买家提供实物照片确认商品情况，然后向物流公司核实是谁签收的商品。如果不是买家本人签收，且没有买家的授权，可以建议买家直接操作退货退款并联系物流公司协商索赔，避免与买家发生误会。
- 描述不符：先核实商品描述是否有歧义或让人误解的地方，然后核实是否发错商品。如果是描述有误或发错商品，可以直接与买家协商解决（如退货退款、部分退款、换货等），避免与买家发生冲突。
- 质量问题：先联系买家提供实物图片等，确认问题是否属实，然后核实进货时的商品是否合格。如果确认是商品问题或无法说明商品是否合格，可以直接与买家协商解决（如退货退款、部分退款、换货等），避免与买家发生冲突。
- 退运费：核实发货单上填写的运费是否少于订单中的运费。如果有误，将超出的部分退回买家。

②特殊售后问题　指交易订单遭受到买家的投诉维权、纠纷退款或中、差评等，需要卖家做出一定让步或者根据平台交易规则和服务规范进行处理。

买家发起投诉的原因：买家投诉商家实质是通过求助平台官方介入订单解决纠纷的行为。对卖家来说，一旦平台介入并判定卖家为过错方，店铺将会面临扣分或惩罚。因此，客服要对买家发起投诉的原因做到心中有数，在交易过程中尽量避免此类问题。以淘宝为例，其买家发起投诉的主要原因见表6-2。

表 6-2　买家发起投诉的主要原因

发货问题	未按约定时间发货、缺货、发不了货、拒绝发货、商家要求加价、错发/漏发/少发、虚假发货
承诺未履行	赠品承诺未履行、换货承诺未履行、发票承诺未履行、物流承诺未履行、邮费问题未解决、商家自行承诺未履行
骚扰他人	频繁骚扰他人、辱骂/诅咒/威胁
卖家拒绝使用支付宝	卖家拒绝使用支付宝

处理投诉的方法：一是找到问题发生的原因，判断问题的严重程度。二是电话联系买家，先致歉，然后说明问题发生的原因，动之以情、晓之以理，初步取得买家的谅解。三是针对问题提出解决方案，如错发/漏发/少发商品，可以以成本价让买家换货。四是给出相应的补偿措施。即使买家同意了解决方案，客服仍旧需要为店铺的错误表示自责，并对耽误的买家时间和精力进行补偿。例如，未按约定时间发货，为了平复买家急躁的心情，可以给予买家小礼物或优惠券等适当的补偿。五是换位思考，完美收尾。售后客服是一个要把换位思考时刻铭记于心的岗位，始终要设身处地地站在买家的立场来调解，这样不仅能够解决投诉问题，还能让买家从心理上产生亲近感，消除买家对店铺的不良印象。

2. 网店售后客户服务策略

 案例

巧妙妥协

有一位顾客在小海的网店看中了一件衣服，以 100 元的价格拍下衣服。没想到过了两天，买家发来信息说发现衣服是有破损的，要求退换。卖方责任，退换件的邮费是由卖方承担的，如果换退，网店就要支付 30 元的邮递费，还有可能收回一件有破损的衣服。小海在出货时已经很细心地检查过衣服，所以不能确定衣服是否真的有破损。他心想，如果让顾客拍照，说不定衣服上就真的多一个洞。小海也知道这位顾客的心理，其实他只是想通过这样的方式迫使商家减价。于是小海和这位顾客协商，说服他留下衣服，可以给予一定折扣。最后，小海和这位顾客商定，顾客留下衣服，小海退还 20 元。

网上售后服务的具体策略包括以下几个方面：

①建立顾客数据库，积极管理顾客关系　在网络营销活动中，顾客是企业的重要资源，企业应树立关系营销观念，建立顾客数据库，积极管理顾客关系，提高顾客的满意度，加强顾客的忠诚度，培养出大批的忠诚顾客。通过顾客数据库，企业可以全面了解顾客的购买记录、个性偏好等信息，从而在合适的时间，用极具针对性的促销方案，通过电子邮件的方式来向顾客推荐其偏好或者购买过的产品。

②提供良好的网上自助服务系统，提高顾客满意度　顾客购物过程的最后一个阶段是购货评价阶段，在网上售后服务过程中，如果能根据顾客的需要，自动适时地提供网上顾客服务，可提高顾客的满意度。

③设计常见问题解答页面，解决常见问题　在网站中提供常见问题解答页面，主要是为顾客提供有关产品、公司情况方面的信息。常见问题解答既能够引发那些随意浏览者的兴趣，也能够帮助那些在产品使用中遇到常见问题的顾客迅速找到所需的信息，获得问题的解决方法。

④设计答疑解惑空间，解决疑难问题　这是为了解答一些不是经常遇到的且相对深入的问题，特别是一些故障类的问题。答疑解惑空间可以让顾客在企业的技术指导下自己解决问题，并以此树立企业或网站在顾客心目中的可信度。

⑤利用在线聊天　在企业网站上建立网上社区，可以用在线聊天的方式让用户讨论企业的产品或服务，提供售后服务人员与用户实时交流的渠道。企业设计网上虚拟社区就是让用户在购买后既可以发表对产品的评论，也可以提出针对产品的建议，还可以与一些使用该产品的其他用户进行交流。营造一个与企业的服务或产品相关的网上社区，有助于吸引更多潜在客户的参与。

⑥利用论坛　论坛是一种简单实用的方法，但一定要做到有问必答，网上解决不了的问题应马上通过电话、传真或信函等传统的方式回复用户并设法加以解决。

⑦建立电子邮件列表　企业建立电子邮件列表，可以让客户自己登录注册，然后定期向客户发布企业最新的信息，加强与客户的联系，这是很多企业网站经常采用的方法之一。这种方式的效果远远好于漫无目的、轰炸式的电子邮件广告。

⑧售后网店客户服务流程。

3. 常见问题解答设计与使用

常见问题回答主要为顾客提供有关产品、公司情况等常见问题的答案。

（1）设计 FAQ 步骤

设计 FAQ 的具体步骤如下：

①列出常见问题　只要把客户提出的问题集中起来，就能列出一个常见问题的清单。创建面向顾客的 FAQ，可分为两个层次：一是面向潜在顾客和新顾客的 FAQ，这个层次的 FAQ 提供的是关于企业、产品等最基本问题的答案；二是面向老顾客的 FAQ，老顾客对企业产品已经有了相当的了解，可提供更深层次的详细的技术细节等信息。这样做使新顾客感到企业是真诚对待他们的，而老顾客又能感觉受到特别的关注。

②常见问题的组织　精心组织的 FAQ 可方便顾客的使用，节省企业成本。提供信息的详细程度要以顾客满意为标准。

（2）设计 FAQ 应注意的问题

①确保 FAQ 的效用　FAQ 中最大的问题是有些网店认为顾客常见的问题不太重要，就可能不回答，使得 FAQ 变得较短。FAQ 不能太短，否则不能满足顾客的需要。另外，FAQ 可以包括很多问题，但问题的排列依据应是顾客提问频率的高低，这样可以节省顾客的搜索时间。

②FAQ 的设计要易于导航　FAQ 要易于检索，顾客能方便地寻找到所提问题的答案。通常企业会在主页上设置一个突出的按钮指向 FAQ，并在每页的工具栏中都设置该按钮。要使得 FAQ 易于导航，则应认真研究 FAQ 的布局和内部链接。

布局不是将同一主题下的所有问题流水账似的列在同一页面上，而是要在页面顶部设置一个高亮度的问题分类表，这个分类表要链接到每一类主题的常见问题及答案，顾客可以根据自己的需求寻找到他所属的主题分类，单击这个分类，便于到相关页面上寻找问题及答案。为便于顾客从具体问题页面返回主题分类的页面，可在每个页面底部设置一个"回到顶部"的高亮度链接。

③信息披露要适度　FAQ 为满足顾客的各类需要而设，可以向顾客提供有关企业及产品的主要信息，但不必把所有的信息都公布于众，以免给竞争对手留有窥探企业核心技术的机会，对企业不利。

(3) 搜索工具使用

几乎所有的 FAQ 都提供搜索工具，不仅能在主页上还能在所有其他页面上进行搜索。搜索工具不仅要具有较强的搜索功能，而且要易于使用。用户只需选择匹配的关键词即可搜索到自己需要的信息。

4. 电子邮件在顾客服务中的应用

电子邮件是网络顾客服务中实现企业和顾客对话的双向渠道，也是实现顾客整合的必要手段。电子邮件的最大特点是即时、全天候。在电话中，我们可以从对方的语气判断其承诺兑现的概率，但电子邮件只是一种文字表达，无法揣测语气。

企业在网络顾客服务中应将电子邮件和电话结合使用，对常规问题，只要让顾客在电子邮件中查阅即可，而对电子邮件不能应对的问题，应通过电子邮件进行分类管理，然后人工进行答复。

(1) 电子邮件的分类管理

电子邮件可以按部门进行分类管理：销售部门可按产品价格、产品信息、库存情况管理电子邮件；顾客服务部门可按产品建议、产品故障、订货追踪、企业政策管理电子邮件；公关部门可按记者、分析家、赞助商、投资关系管理电子邮件；人力资源部门可按简历、面试请示管理电子邮件；财务部门可按有关账目、财务报表管理电子邮件。

所有的电子邮件都发送到同一个地址的情况下，对电子邮件的分类管理需要有专人负责。企业也可提供各部门的电子邮件地址，顾客根据自己的问题将邮件发送至相应的部门。

有些企业的网站不仅提供了所有部门的电子邮件地址，还给出了各个部门的员工邮件地址，这样不仅可以向有关部门发送电子邮件，还可直接和相应的员工对话。

(2) 自动应答器

自动应答器又称自动回复系统，其作用是给电子邮件发出者回复一封预先设置好的信件，来解答问题会让发信者放心。

当大量的询问产品信息、服务等各种问题以电子邮件的形式发送到企业邮箱时，企业应及时予以回复。人工回复固然很好，可以有针对性地给予询问者一个满意的答复，但要耗费大量的人力和时间，而且有时用户所问的问题大同小异，最普通的方式就是用邮件机器人、信息机器人或自动应答器这样的程序自动回复。当企业接收到电子邮件后，这些程序通过对所收到的电子邮件主题句中的具体语句进行识别，或者搜索发信者的电子邮件地址，然后将事先准备好的相关信函自动发送给发件人，以实现自动咨询服务。企业也可在自动回复的信函中加入适当的宣传信息,进行网上营销沟通。自动回复的信息可以是产品目录、价格、申请表格、订购单等。

(3) 利用电子邮件与顾客建立主动服务关系

传统的顾客服务常常是被动的,顾客向企业提出问题后,企业再给予解决。在网络营销中,企业可实现主动的顾客服务,而不是被动地等待顾客要求服务。

利用电子邮件进行主动的顾客服务包括两个方面的内容:一是主动向顾客提供企业的最新信息。企业可以主动向顾客提供企业的最新动态,如企业新闻、产品促销、产品升级等。企业可将这些信息及时、主动地以新闻信件的形式发送给需要这类信息的顾客。在发送这类信息时同样要遵守网络礼仪。二是获得顾客需求反馈后,将其整合到设计、生产、销售的系统中。企业在了解顾客的需求后可将其整合到营销组合中。要了解顾客的需求可通过电子邮件直接向顾客询问,但太长的问卷回收率一般很低,因为客户通常没有耐心填写完毕。要想让顾客回答提问,最好每次只设计一个具体的问题,这个问题应简洁明了、易于阅读、易于回答,顾客只要花很短的时间即可。由于每次只能提一个问题,因此,在设计这个问题时应多加考虑,使之能直接为企业服务。

网络顾客服务不仅能实现由企业到顾客的双向服务,同时还能实现顾客与顾客之间的交流和互助。网络顾客之间信息传播的范围和速度远非现实生活所能想象、比拟,这对企业来说是一把双刃剑。顾客对产品的赞扬可以传播,对企业不利的言论同样能够传播。对顾客之间的对话,企业的态度应是积极鼓励,而不是冷漠、忽视甚至强行遏制,发现对企业有不利影响的议论或问题时,应及时、态度积极的解决,切勿漠视网络传播的速度和范围。

案例

盛大网络客户服务中心

作为国内领先的网络互动娱乐媒体企业,盛大网络通过盛大游戏、盛大文学、盛大在线等主体和其他业务,向广大用户提供多元化的互动娱乐内容和服务。

盛大在线承接了盛大网络的互动娱乐内容运营职能。利用便捷的销售网络、完善的付费系统、广泛的市场推广网络、强大的技术保障系统、领先的客户关系管理及服务、稳妥的网络安全系统为用户提供全年无休的优质客户服务。

盛大网络客户服务中心连续3年被中国信息化推进联盟客户关系管理专业委员会授予年度中国最佳呼叫中心称号。该中心秉承公正、透明、尊重个性的企业价值观,坚持个人价值实现先于企业价值实现,最终达到二者完美统一的人才战略与开发的经营战略,建立了集电话、传真、电子邮件、短信服务以及国际互联网等客户沟通渠道于一体的多功能客户联络中心,为用户提供一年不间断的优质服务。

盛大网络客户服务中心运营管理的最佳实践体现在以下几个方面:

(1) 盛大在线服务的使命——用心服务,创造价值新高。该使命围绕盛大集团立足中国依托亚洲,致力于成为在世界居领先地位的互动娱乐媒体企业的愿景,秉承细致服务、高效执行、开放分享、追求卓越的文化理念,以心服务、新感动、新价值,彰显服务价值典范,为企业互动娱乐媒体的大战略提供完美的支撑。

（2）盛大网络客户服务中心的宗旨——打造互联网最佳客服，为互动娱乐事业的发展提供优质的服务平台。真正做到为所有盛大客户提供乐趣无限的平台和体验客户关怀的服务，以及全方位、全天候、亲情化、个性化的服务模式。以客户满意度最大化的整体目标，真正实现互动、娱乐、创新的盛大文化特色。

（3）对原有服务模式的创新。考虑到传统电话服务等的局限性和成本，盛大网络客户服务中心为用户提供了全面的、新颖的在线服务方式，具体包括以下几种：

①主流搜索　为用户的针对性咨询问题提供快速和精确的回答。

②官方服务　为互联网用户提供更方便的途径联系到盛大的官方客服，为用户的账号、安全等基本问题以及游戏、文学等应用问题提供更专业、直接的服务。

③云服务　为难以描述和专业的游戏问题组织资源用户进行针对性回答，在有效减少服务成本的前提下为用户提供更人性化的服务模式。

（4）对整体在线服务的创新。考虑到原有在线服务类型过多，而服务内容又有所不同，用户出现问题想要咨询时需要自己挑选合适的方式前来咨询，对用户而言存在操作不变的问题。

任务实施

1. 设计顾客对枣夹核桃产品购买后 FAQ 的话术内容。
2. 设计完成一张顾客对枣夹核桃产品购买后评价邀请的店铺小卡片。

项目7　农林产品网络营销管理与评估

网络营销管理是网络营销工作的重要组成部分，网络营销管理的价值在于让企业网络营销活动有计划、有目的地进行，发现网络营销过程中的问题，并进行适当的控制，从而达到提升网络营销总体效果的目的。随着网络营销活动的增多，网络营销绩效的考核评价成为运营管理的重要内容，如何对日常运营活动进行管理，将在本项目中予以介绍。

学习目标

▶▶ 知识目标

1. 了解农林产品网络营销管理内容。
2. 熟悉农林产品供应链运作模式，掌握网络环境下农林产品供应链优化整合策略。
3. 明确网络营销风险因素，掌握网络营销风险管理的基本流程与风险防控手段。
4. 掌握农林产品网络营销效果评价方法和指标体系。

▶▶ 能力目标

1. 能够根据相关数据对网络营销情况进行控制和管理。
2. 能够进行农林产品供应链问题的分析和解决。
3. 能够针对网络营销中可能存在的风险进行防控。
4. 能够编写网络营销效果评价报告。

▶▶ 素质目标

1. 具备网络营销管理的大局观念和宏观视角。
2. 增强风险防范意识，提升防范、化解风险的能力。
3. 认识并有意培养自己的营销管理素质。

知识体系

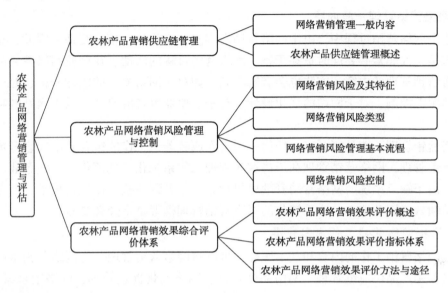

案例导入

网络营销管理准备

小林最近被任命为某农林产品企业的网络营销经理。作为网络营销经理，首先要明确网络营销在管理上与传统营销的区别，明确网络营销管理的内容，以及在网络营销实施过程中出现的一系列问题及解决方法，还要能够评估网络营销部门的工作绩效，以便更好地进行下一步的工作。但是企业开展网络营销活动是最近才开始的业务，小林应该做哪些准备呢？

案例思考：
1. 网络营销与传统营销在管理上的区别是什么？
2. 在网络营销实施过程中可能出现哪些问题？

任务 7-1 农林产品营销供应链管理

任务目标

1. 了解农林产品线上、线下供应链运作模式。
2. 比较不同供应链运作模式的优缺点和适用范围。

工作任务

以小组为单位分析沱沱工社属于哪种供应链运作模式；通过讨论比较不同供应链模式的优缺点。

知识准备

1. 网络营销管理一般内容

在整个网络营销过程中,由于网络营销内容多、变化快、情况复杂,因此,企业网络营销管理是一件非常必要同时贯穿于整个网络营销过程的活动。在企业网络营销的不同阶段,网络营销管理的内容和方法也会有所不同,如对于网站流量的统计分析、对于网络广告效果的跟踪控制、对于网站的优化设计、对于主要竞争者的研究、对于网站链接的管理等内容。

网络营销管理不能分割开来,任何一项工作或者若干工作的组合并不代表开展了完整的网络营销管理,网络营销管理在于将这些管理工作系统化、规范化。有些企业的网络营销活动,由于缺乏系统的网络营销管理思想和方法,导致一些工作比较凌乱,严重影响了网络营销绩效,因此建立一个系统化的网络营销管理框架是十分必要的。

(1)依据网络营销工作内容分类

根据网络营销工作的内容和基本职能,可以将网络营销管理分为网络营销基础环境管理、网络营销产品供应链管理、网络品牌管理、网络销售促进管理、网络销售渠道管理、网络营销客户关系管理、网络营销风险管理等。

(2)依据网络营销管理模式分类

按照网络营销的管理模式,可以将网络营销管理划分为单项网络营销管理、阶段性网络营销管理和连续性网络营销管理。单项网络营销管理是针对某一个具体的网络营销活动或者某一项网络营销的策略管理;阶段性网络营销管理主要是针对网络营销的某个时期,或者网络营销发展的某个阶段进行的网络营销管理,如网站推广不同阶段的推广活动和效果评价;连续性网络营销管理则具有长期性、重复性的特征,如网站内容管理、客户关系管理等。

(3)依据网络营销开展阶段分类

根据网络营销的开展阶段,可以将网络营销管理分为网络营销总体策划阶段的管理、网络营销准备阶段的管理、网络营销实施过程的管理、网络营销效果控制与评价管理等。

2. 农林产品供应链管理概述

我国是农林产品制造、消费和出口大国,农林产业已经成为国民经济发展的重要组成部分。农林企业发展和农林产业升级离不开高效的供应链管理。供应链管理不仅能最大限度地促进关联企业整体效能发挥,还能进一步优化和完善行业资源配置,是有效提升行业、企业竞争力的重要保障。

农林产品供应链是供应链在农林领域的延伸,是指在农林产品制造和流通过程中涉及的所有原材料提供者、农林产品制造者、经销商及消费者等参与者构成的网络体系。

(1)农林产品供应链运作模式

①农林产品线下供应链运作模式 基于所围绕的核心,农林产品线下供应链运作模式大致分为以下3类:

以农林产品生产者为核心的供应链模式:农户自行生产和销售的供应链模式在我国普

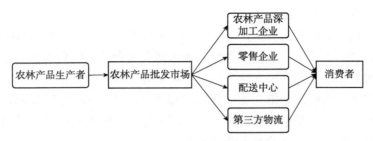

图 7-1 以农户为核心的供应链模式

遍存在，它是建立在农林产品供需关系上的自然供应链(图 7-1)。

这种供应链模式下，由于农户经营体量小、市场意识差和信息获取不畅，往往处于盲目生产、波动经营、抗风险能力差的不利地位。

以农林产品批发市场为核心的供应链模式：在该模式中，农林产品制造与销售主要与农林产品批发市场连接(图 7-2)。

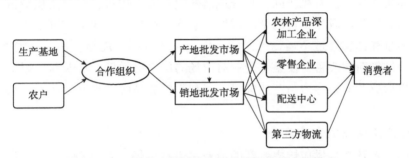

图 7-2 以农林产品批发市场为核心的供应链模式

以农林产品批发市场为核心的供应链模式中，供应链上游的农林产品加工率低，大多数产品仅进行简单包装，缺乏良好的物流保障，损失率高；供应链中游的农林产品分销中心市场覆盖范围小、组织程度低、运作效率差，实际经营中，大多数是个体交易，规模较小，质量安全和管理意识薄弱，难以实现实时全面控制。此外，大多数农林产品分销中心和供应链下游公司为线下交易，导致物流成本、库存成本等流通成本较高，农林产品损耗浪费严重。

以农林产品加工企业为核心的供应链模式：该模式中，农林产品加工企业通过合同在企业周围组织、指导农户进行农林产品生产活动，并对农林产品进行加工、包装，提升农林产品价值，以农林产品的流通方向为基础发展出一条增值链(图 7-3)。

这种供应链模式下，通过订单生产可以有效避免农户生产的盲目性，增加农林产品附加值，降低农林产品供应链的整体成本，但是增加了农林产品加工企业的运营成本，同时在没有稳定和长期合作机制情况下，农户利益容易受损。

图 7-3 以农林产品加工企业为核心的供应链模式

②农林产品线上供应链运作模式

生产外包模式：该模式是将生产环节外包，线上销售、物流配送等环节由企业自营。这类企业一般从农林产品生产基地等生产商处采购农林产品，然后送到自营的物流配送基地对产品进行加工、包装等，再安排自有的物流系统完成送货。

单一平台模式：该模式是指企业仅运行营销平台，生产和物流等环节采用外包模式。这类企业从农林产品生产基地、农林产品批发市场等处采购农林产品，通过第三方物流公司进行配送，自身仅负责产品的线上营销和推广。

纵向一体化模式：该模式下的企业网络营销包括了产、供、销等供应链的各个环节。全产业链模式以消费者为导向，从产业链源头做起，经过种植与采购、贸易与物流、加工与深加工、品牌建立、产品销售等每一个环节。

该模式的竞争优势在于：有利于资源的合理分配；在盈利和抗风险能力上，能够平衡盈利的波动性；具有战略协同效应，整个公司形成一个有机的整体，价值链各环节之间、不同产品之间实现战略性有机协同；具有规模效应和成本优势，有上游供应链的优势，涵盖了从原材料获取到产成品销售的整个过程，全部是在核心企业的控制下进行，不用担心原材料获取困难和销售渠道不通畅等问题；信息传递顺畅，能够快速反映消费者的信息，促进上游环节的创新与改善，使整个企业对市场的反应更敏感、更及时；以终端消费引领产业链，可以形成产业领导力与产业优势；有利于打造品牌，提升影响力，具有品牌聚合效应。

(2) 农林产品供应链发展前景

①互联网为农林产品供应链提供新的消费渠道和市场　在"互联网+"时代背景下，商品的交易形式以及物流资金信息交换发生了巨大改变。对于农林产品供应商和经销商而言，利用互联网平台，可以加快信息传递和分享，提高供应链管理效率，增加消费渠道，扩大消费者来源，拥有更大的市场；通过互联网平台，加大对产品营销管理力度，可以精准了解客户需求，实现对产品原材料和产品质量的追踪，生产符合不同消费群体需求的农林产品，提供更为新颖的服务和高品质的产品；通过基于互联网的供应链管理可以大大减少采购、生产、配送、销售、结算等各个环节的成本。

②电子商务为农林产品供应链提供资源优化的平台　农林产品的产地多在农村、森林等非城市中心地区，交通不便，使优质的农林产品难以进入市场，销售难度大。但随着电子商务技术、规模、平台的日趋成熟，电商平台逐步成为社会众多优质资源的集聚地，各类资源在电商平台得到充分的利用。农林产品市场也在电商平台中获得了发展机遇，农林产品供应链能够充分利用成熟电商平台丰富的社会资源，使得供应链生态更加开放和多元。后疫情时代，消费者将大规模转向线上消费，《"十四五"电子商务发展规划》提出，"到2025年，全国电子商务交易额预期目标46万亿元，全国网上零售额预期目标17万亿元，跨境电子商务交易额预期目标2.5万亿元"。这为农林产品市场提供了一个非常好的发展契机。近年来，随着互联网在信息传播方面的巨大优势，农村电子商务也加快了网络信息化建设，使农村电子商务的运营体系得到补充、完善。随着农村电子商务的规模化建设和农村农林产品供应链规范化建设的推进，农村农林产品销售将获得更多渠道，并有效带动当地经济的发展。

③数字化发展为农林产品供应链提供多领域合作的可能　农林产品供应链的发展需要供应链各个环节的合作，并提高合作效率、降低合作成本，而数字化的发展为供应链多个环节的高效率合作提供了可能。数字化技术使得供应链各环节间的交流更为便利，加强了相关产业和资源的跨地域整合，使分散的资源进行再分配，促进供应链各个环节间的合作发展。农林产品供应链的数字化，可以进一步加快农林产品供应链集聚的发展，建立起一个同时具备原料、生产、销售环节的农林产品生产园区，扩大农林产品供应链的集聚效应，降低生产成本，促进农林产品品牌的建立。

④信息技术的快速发展为农林产品供应链提供数字化发展基础　供应链数字化发展有多个驱动条件，其中信息技术的发展是推动供应链数字化变革的主要因素。我国在量子通信、5G等信息技术等方面取得了突破性的进展，并处于世界领先地位，有效推动了农林产品供应链的数字化改革。随着电子数据交换（EDI）、可扩展标记语言（XML）等技术方面的进步，各环节间的信息交流水平得到提高。信息技术的提高为农林产品供应链数字化发展奠定了基础，并随着信息技术发展速度的加快，农林产品供应链数字化升级加速。

(3)农林产品供应链存在的问题

在"互联网+"背景下，农林产品贸易在流通领域得到了较大程度的改善，但在供应链的具体流程和操作等方面仍面临不少问题。准确定位农林产品供应链的薄弱环节和存在的问题是提升供应链整体绩效的基础。目前，农林产品供应链存在的问题主要表现在以下方面：

①个体小农户规模化生产能力弱，品牌效应差　个体农户经营的农林产品目前存在较为突出的问题：一是产品生产分散且生产规模小，规模化生产能力弱，无法形成大规模订单，另外，货源稳定性低，难以形成规模经济效益；二是产品生产缺少计划性，生产成本普遍较高，工厂生产线难以得到充分合理的利用；三是销售渠道不畅，极易造成农林产品滞销；四是产品品质良莠不齐，缺乏标准化和著名商标，难以形成统一标准，没有形成品牌效应，产品附加值低。

②互联网基础设施和服务体系欠缺　农林产品的网络营销离不开高效的互联网技术支持，然而现实情况是农村在互联网基础设施方面较为薄弱，尤其是农村现代供应链管理信息平台的缺乏，致使农户无法接收有效的市场信息，供求信息的不对称导致个体农林产品经营户在生产农林产品时无法有效调节农林产品供求。

③物流设施落后和仓储物流短板严重　农林产品物流的环节较多，包括农林产品原始生产资料供应、生产与加工、加工后成品的储存、运输和销售等。农林产品对于物流和仓储的要求较高，因而物流设施的建设和仓储能力关系到农林产品的流通效率和数字化转型。在仓储环节当中，部分森林工业企业生产计划不合理、资金周转困难、库存数量大，增加了农林产品的仓储和运输成本，如果仓储条件没有得到改善，农林产品供应链的效率将难以得到质的提升。同时在农林产品物流和仓储方面缺乏先进技术和优秀人才，生产模式较为落后，难以从根本上解决农林产品供应链物流和仓储的困境。

④电子商务平台入驻率和利用率低　伴随淘宝、微店等互联网交易平台的兴起，农林产品拓宽了交易渠道，特别是对个体农林产品经营者而言更是难得的机会。在我国一些省市已经建立了农林产品交易平台，如林交网、中国林产品网等，这些专项农林产品网站对

生产型林业机械、精品家居、造林绿化苗木、精品花卉、传统林产工业等提供了咨询服务和销售的平台。同时，建立了企业官网、支付宝授权、多样广告投放、QQ/微信等平台交互、网上店铺与供求信息、行业咨询与人才市场等功能模块，实现了深度开发，更加适合农林产业的发展和运作。但是由于宣传不到位，部分农林产品网上交易平台入驻率低，运行效果不佳，甚至出现平台关闭的情况。此外，农林产品企业人员知识水平较低，对网络电商平台、智能化操作的熟悉程度不够，不能及时将自己生产的农林产品信息推送到农林产品交易平台上，也无法收到农林产品行业市场的最新信息、了解最新动态，这就导致买卖双方缺乏有效的交流沟通，产生交易滞后、货物买卖周期延长甚至中断。

(4) 农林产品供应链模式优化

①搭建"互联网+"农林产品供应链信息化平台　优化"互联网+"农林产品供应链模式，不是仅停留在"互联网+林业"这种简单的方式，也不是仅依靠农林产品电子商务平台，而是要搭建起完善的基于"互联网+"信息化平台的农林产品供应链系统，下设农林供应链信息和农林产业数据服务平台、质量追溯平台、品牌查询平台、电子交易平台等子系统，将开发利用信息资源、建设信息网络、推进信息技术应用、发展信息技术和产业、培育信息化人才、制定和完善信息化政策体系涵盖在整个供应链系统中。

在整个系统的搭建中，首先要建设的是农林供应链信息和农林产业数据服务平台，将农林产品的品种、样式、适用范围、规模、价格等参数整合纳入平台数据进行统计分析，再通过大数据的分析、归纳和预判，导出市场需求、消费偏好、价格定位、产销匹配、物流跟踪等相关信息。云计算、大数据等高效模式的融入可以更好地推动精确生产，有效避免产品库存堆积和滞销，利用智能系统可以实现对数据环境的全天候监测、对农林产品的生产加工销售和经营做出详细的数据分析和合理指导，在促进林业网络智能化、便捷高效化、促进农林产品健康发展的同时，还能够提高农林产品质量、利润和竞争力。同时，在平台中公开农林产品供应链过程中各个流程的信息，便于各环节获取信息，解决生产商、销售商等之间因为信息沟通不及时产生的问题，提高农林产品供应链运转的效率，加强各个环节间信息、资源的流通与整合，从而促进农林产品供应链整体效率的提升。

②创新农林产品品牌发展模式　从整个行业角度看，重视质量、重视品牌、重视诚信、重视社会责任已经在行业发展中得到更高的肯定和认识，全国各大农林产业重点区域、生产流通领域的农林企业以及主管部门都在品牌建设上开展了相关工作。但是，部分农林产品企业在品牌管理上仍存在突出问题：品牌的质量不高，品牌的意识不足，致使劣币驱逐良币、山寨击垮品牌的现象屡屡发生，破坏了品牌建设的生态环境；品牌的培育不够，标准与评价体系欠缺；有一定品牌意识的企业，也存在着品牌定位雷同、品牌培育与保护不够、品牌管理薄弱等问题。因而，农林产品企业要加强开发和利用品牌、制定品牌战略和品牌自我保护的意识；加强标准制修订工作，鼓励企业制定高于国家标准或行业标准的企业标准，推动国际、国内标准接轨，增强国际、国内对农林产品品牌的信心；通过农林产品供应链系统中品牌公众查询和质量追溯平台，加强对农林产品质量安全问题的管理。

③推进农林产品供应链智慧物流体系建设　把握农林行业发展新趋势，依托信息化和

现代技术手段打造"互联网+高效物流"体制，全面提升农林产品供应链物流速度。

一是发展农林产品冷链物流。要在农林产品主要产地带头试用冷链物流，完善冷链物流基础设施，提高供应链关键节点的运输能力，提升冷链物流运营水准。政府部门应发挥引导作用，积极推动第三方合作，打造冷链所需的仓储、加工、物流等重要基础设施，进而形成一体化、完善的冷链物流企业和农林产品市场互相联动机制。

二是推进乡村农林产品与电商结合，实现产品物流一体化。利用互联网与农林产品物流有机结合形成物联网，解决其信息基础设施及冷链运输实效性差的关键问题。充分利用大数据及智能化水平，建设先进的物流体系，提高送货效率，降低物流成本。

知识链接

物联网（internet of things，IOT）是基于互联网、传统电信网等信息承载体，让所有能行使独立功能的普通物体实现互联互通的网络。其应用领域主要包括运输和物流、工业制造、健康医疗、智能环境（家庭、办公、工厂）等。简而言之，物联网就是"物物相连的互联网"。

三是多节点铺开搭建物流支点，扩大物流覆盖范围。就其网络方面，充分利用互联网与区域内物流资源的结合效益，形成利用大数据、区域物流和供应链共享智慧物流平台；就其物流方面，可与第三方物流企业开展相互协作的方式建设供应链系统，通过该系统内的资源共享形成共享平台。农林产品可利用该平台优势，使农林产品的生产效率得到提升，同时降低销售成本。

四是推进农林产品冷链物流的标准建设，提升农林产品质量品质。消费者若能够掌握产品的时时动态数据，将提高其对产品的信任度和满意度，与此同时也会提升该产品的安全保障程度。因而，构建将农林产品生产的所有企业涵盖在追溯范围的追溯机制，可以确保消费者获取其各项安全信息，推动追溯机制标准化建设。

任务实施

2008年4月，沱沱工社以有机农业为切入点，建立了从事"有机、天然、高品质"食品销售的垂直生鲜电商平台。该平台凭借雄厚的资金实力，整合了新鲜食品生产、加工、B2C网络化销售全产业链各相关环节，并依托"透明供应链"产品质量透明管理体系在食品行业供应链上的独特应用，将"新鲜日配"这一B2C领域难以逾越的梦想变成现实，成为我国有名的生鲜电商企业之一，满足了北京、上海等一线城市的中高端消费者对安全食品的需求。

从商品组织、供应商评估、物流配送，沱沱工社确保每一件送达客户手中的正规商品均经过沱沱工社层层把关。沱沱工社在北京平谷拥有一个自营农场，全国遍布8个联合农场，这一数字随着公司的扩张还在不断变化。所有农场的运作都由沱沱工社直接掌控，从育种、施肥到病虫害防治，每一个环节都有严格标准，目的是保证产品质量。沱沱工社拥有自己的官方销售平台，消费者可以在此平台完成采购、支付。与此同时，沱沱工社还进驻了天猫、京东等第三方平台的有机频道。

沱沱工社在北京和上海都建有仓储中心，目前有两种主流配送方式：一种是沱沱工社自营配送，另一种是委托顺丰速运、圆通速递、宅急送等第三方物流公司配送。为了保证物流配送的安全与品质，沱沱工社投入大量资金，构建了自己的冷链配送体系，自建有近万平方米集冷藏、冷冻库和加工车间于一体的现代化仓储配送物流中心，采用冷链物流到家的配送运作模式，将新鲜的食品精准交付给消费者。目前，沱沱工社自营配送仅限于北京市区。在物流方面，集中配送、统一调配使得生鲜品在运输过程中尽可能少地周转，大大降低生鲜品的损耗，保障产品品质，提升配送效率，将购物体验尽可能做得更好。在消费终端，企业通过消费者的信息反馈，迅速指导农场生产方向和品类，减少不必要的投资风险。

沱沱有机农场为了让消费者能够真切地体验到产品，会组织各种线下采摘、种植、试吃、参观活动，和消费者进行各种线下互动。用户和市场的第一信息反馈可以及时指导农场调整种植计划，将投资风险降到最低，令沱沱农场在其产品定价上掌握更多的主动权。

通过阅读案例，结合所学内容以小组为单位讨论：
1. 沱沱工社属于哪种农林产品线上供应链运作模式？该模式有哪些优缺点？
2. 其他农林产品线上供应链运作模式各有什么优缺点？

任务 7-2 农林产品网络营销风险管理与控制

任务目标

小林所在的农林产品企业打算在淘宝网开设生鲜产品旗舰店，讨论在店铺开设及运营过程中将面临的风险以及如何进行防范等。

工作任务

1. 以小组为单位，讨论店铺在开设及运营过程中可能面临的风险以及如何进行防范，并形成新设店铺风险分析报告。
2. 通过网络检索，各小组查找关于征信结构、征信市场、征信体系、信用信息等相关知识和内容，以小组为单位进行汇报。

知识准备

由于多种因素的影响，企业开展网络营销活动面临技术、信用、法律、市场等风险，特别是网络市场空前开放、竞争日趋激烈使企业网络营销风险性比传统营销活动大大增加。因而，在网络营销活动中，需要有的放矢地进行网络营销风险的分析、研究、防范、控制和管理。

1. 网络营销风险及其特征

（1）网络营销风险

网络营销风险是指在网络营销活动过程中，由于各种事先无法预料的不确定因素，包括企业环境（宏观环境和企业微观环境）复杂性、多变性和不确定性以及企业对环境认知能力的有限性使企业制定的营销战略和策略与市场发展变化不协调，从而可能导致营销活动受阻、失败或达不到预期营销目标等。企业承受着各种风险，当然也有获得额外收益的机会或可能性。

（2）网络营销风险特征

①多元性　多元化的参与主体、运营所需的手段和策略等使风险的来源呈现多元性的特征。

②过程性　信息流、物流和资金流在每一阶段都会伴随不同性质的风险产生。

③可变性　由于风险发生的偶然性和不确定性，网络营销风险也不是一成不变的。在一定条件下网络营销风险是可以转化的，包括：风险性质的变化、风险量的变化、某些风险在一定的空间和时间内被消除、新的风险产生等。

④复杂性　营销风险发生的原因、表现形式、影响力和作用力等是复杂多样的。营销风险的成因是复杂的，有内部和外部原因，有可预测和不可预测，有自然和社会原因，有直接和间接原因等。营销风险的形成过程也是复杂的，人们对其产生的过程不能完全了解和全面掌握。此外，营销风险的承受度是复杂的，即营销风险结果对营销主体的影响和损坏程度是不一样的。

⑤具体性和差异性　网络营销风险的存在具有抽象性和不确定性，但风险的表现形式却有具体性和差异性，风险的发生无论是范围、程度、频度还是时间、区间、强度等都可以表现出各种不同形态。对于网络营销风险，只有通过无数次观察、比较、分析和积累总结，才能发现和揭示其内在运行规律。

2. 网络营销风险类型

目前，我国企业网络营销风险种类主要有：信用与道德风险、网络技术与信息安全风险、物流配送风险、法律法规缺失风险等。

（1）信用与道德风险

信用风险是影响网络营销发展最大的风险。在网络营销过程中，由于网络的匿名性，很多环节无法向买方直接呈现，导致双方只能建立在信任的基础上履行协议。企业网络营销的信用风险主要来自以下几方面：一是买方的信用风险，如恶意透支、伪造信用卡、集团购买者有意拖延货款等，企业为此需要承担一定的经营风险；二是企业本身的信用风险，如企业不能保质、保量、按时发送客户购买的产品和服务，或者企业不能完全执行与集团购买者签订的合同，引起索赔或诉讼造成企业网络营销经营风险。

（2）网络技术与信息安全风险

网络营销中会遇到较多的技术与信息安全风险，如密码、身份、计算机数据被盗取和移动电话被攻击等；此外，数据加密技术不完善、上网速度慢、网络易堵塞、黑客攻击、感染病毒，会使数据的传送、读取、反馈发生错误等。

(3) 物流配送风险

物流是网络营销得以顺利实现的重要基础,物流风险是指整个物流运作环境中存在的不安全因素和不确定性所带来的企业物流成本增加与服务质量下降的可能性。

从客观的角度讲,物流存在着一些不可抗力或工作失误的风险,会威胁产品、仓储、运输车辆以及工作人员的安全。例如,仓库倒塌、失窃、工作人员失职、包装损坏等原因造成企业正常费用的额外支出。在物流的整个供应链中也存在着一些不确定因素,造成企业成本上升或服务质量下降,如企业的信息资源损失、核心技术和商业机密外泄、包装缺陷、物流配送成本过高、货物送达不及时、库存风险等。这些都是企业在网络营销中所要面临的风险,企业应当合理规划,使得在降低物流成本的同时实现整个配送过程的高效运作。

(4) 法律法规缺失风险

为了保障网络营销的发展,各国都在加强国内立法如美国、欧洲一些国家、中国、日本等,立法的范围涉及电子合同的法律效力、知识产权的保护、税收、网上支付、安全与隐私、电子证据等。但法律法规的内容远远不能适应电子商务的快速发展,现今仍没有一套完整的法律法规对整个网络体系作出规范,尤其是网络销售部分,有很多的商业活动根本找不到现成的法律条文来保护网络交易中的交易方式,导致交易双方都存在风险,尤其是在跨国家、跨地区、跨部门协调方面存在不少问题。

3. 网络营销风险管理基本流程

网络营销风险管理是指识别、评估和判断网络营销风险,并进行决策采取行动预测风险、减轻后果及监控和反馈的全部过程。一般而言,规避网络营销风险可以分为5个阶段:网络营销风险识别、网络营销风险计量、网络营销风险管理决策、网络营销风险管理决策方案执行、网络营销风险管理后评价。

(1) 网络营销风险识别

营销风险识别是指通过对大量来源可靠的营销信息资料进行系统了解和分析,认清企业存在的营销风险因素,进而确定企业所面临的风险及其性质,并把握风险发展趋势。识别网络营销风险是规避营销风险的关键,要判定存在哪些风险、引起这些风险的原因、这些风险因素导致的后果及严重程度等问题。

网络营销中可采用的风险识别方法有:归类法、专家会议法、逻辑推理法和调查法、筛选-监测-诊断法、德尔菲法、故障树法等。需要注意的是,每一种风险识别方法都存在一定的局限性,不可能完全揭示网络营销面临的全部风险,更不可能揭示导致风险事故的所有因素,因此必须根据网络营销的实际以及每种风险识别方法的用途将多种方法结合使用。网络营销人员必须根据实际条件选择效果最优的风险识别方法或方法组合。

网络营销风险识别是一个连续不断的过程,仅凭一两次调查分析不能完全解决问题,许多复杂和潜在的风险要经过多次识别才能获得较为准确的答案。

(2) 网络营销风险计量

在识别了网络营销所面临的各种风险及潜在损失之后,网络营销管理人员应对风险进行计量,估计各种损失将发生的概率及这些损失的严重程度,以便于评价各种潜在损失的相对重要性，从而为拟订风险处理方案、进行风险管理决策做准备。

网络营销风险计量主要包括以下工作：一是收集有助于估计未来损失的资料；二是整理、描述损失资料；三是运用概率统计工具进行分析、预测；四是了解估算方法的缺陷所在，通过减少它们的局限性来避免失误。

计量风险以确定网络营销风险事件发生的概率及其损失程度，是网络营销风险管理中最具挑战性的工作。损失的不确定性，正是概率统计所研究的对象。根据有关数据建立概率分布，揭示损失发生频率及损失程度的统计规律，将使网络营销管理人员能更全面、更准确地计量风险并进行预测。

（3）网络营销风险管理决策

传统上，人们往往仅凭工作经验和主观判断来处理风险。随着风险的日益广泛和复杂，决策的科学性和合理性将直接影响风险管理活动的效果。网络营销风险管理决策是指根据网络营销风险管理的目标和宗旨，在科学的风险识别、计量的基础上，合理地选择风险管理工具，从而制定处置网络营销风险方案的一系列活动。网络营销风险管理决策是整个网络营销风险管理的核心。在网络营销风险管理决策中决策者的损失期望值与效用值的确定是两个关键，从中也能体现出决策者的特点。

网络营销风险管理决策包括3个基本内容：一是信息决策过程。了解和识别网络营销各种风险的存在、风险的性质，并估计风险的大小，也是对网络营销风险识别和计量的深化；二是风险处理方案的计划过程。针对某一具体的客观存在的网络营销风险，拟定若干风险处理方案；三是方案选择过程。根据决策的目标和原则，运用一定的决策手段选择某一个最佳风险处理方案或某几个风险处理方案的最佳组合。

（4）网络营销风险管理决策方案执行

在网络营销风险管理决策做出后，能否达到预期的风险管理目标取决于执行，执行是实现风险管理决策目标最为重要的工作。相对于风险管理决策，风险管理决策方案的执行更具体、更复杂、更烦琐，有时甚至是长期、艰苦的劳动。因此，网络营销风险管理要高度重视执行工作。网络营销风险管理决策目标是要通过人、财、物、时间、信息等基本要素的管理和组织来实现的。执行对象、执行措施和执行结果等必须是现实的，只有从网络营销实际出发，按客观规律办事，并认真准备风险管理决策方案执行所涉及的所有环节，才能收到预期的效果。同时在风险管理决策方案执行中若遇到突发情况，应及时反馈，以便及时调整修订风险管理决策方案。

（5）网络营销风险管理后评价

网络营销风险管理后评价是指在对网络营销实施风险管理决策方案后的一段时间内（半年、一年或更长时间），由风险管理人员对相关部门及人员进行回访，考察评价实施网络营销风险管理决策方案后管理水平、经济效益的变化，并对网络营销风险管理全过程进行系统的、客观的分析的过程。通过风险管理活动实践的检查总结，评价风险管理问题的准确性，检查风险处理对策的针对性，分析风险管理结果的有效性；通过分析评价找出成败的原因，总结经验教训；通过及时有效的信息反馈，为未来风险管理决策和提高风险管理水平提出建议。网络营销风险管理后评价包括风险管理决策后评价、风险管理方案实施情况后评价、风险处理技术后评价、风险管理经济效益后评价、风险管理社会效益后评价等内容。网络营销风险管理后评价的主要评价方法有影响评价法、效益评价法、过程评价法、系统综合评价法等方法。

4. 网络营销风险控制

营销风险预警一旦产生,就应该采取相应的控制对策。控制对策是指对各种可能存在的风险进行早期预防与控制,并能在风险严重的形势下,实施特殊的危机管理方式。

(1) 信用风险控制

信用风险控制主要是对交易信用等级的评定和违约风险的预防。要注重客户信用调查,充分利用企业客户关系管理系统,对客户的资料信息、资信档案、信用状况、信用等级进行严格的制度化管理,最大限度地控制客户信用风险,并在交易过程中对客户信用额度加以评定和控制,对其信用情况做信息化处理,规范企业与客户间的信用关系,从营销一开始就防止风险的发生,保持良好稳定的客户关系。

知识链接

目前,我国较为典型的网络营销信用模式主要有4种,即中介人模式、担保人模式、网站经营模式和委托授权模式。

1. 中介人模式

这种信用模式是将营销网站作为交易中介人。但这里的中介人不是普通意义上的"介绍",而是以中立者的身份参与到交易的全过程。这种信用模式试图通过网站的管理机构控制交易的全过程,以确保交易双方能按合同的规定履行义务。这种模式虽然能在一定程度上减少商业欺诈等商业信用风险,但却需要网站有较大的投资来设立众多的办事机构,而且这种通过第三方进行中介交易还存在交易速度和交易成本问题。从信用模式来说,它要求以网站的信用为基础,也就是交易双方必须以信任网站的公正、公平和安全为前提。可事实上,网站进入交易过程,有可能因为网站及其办事机构的过失而给消费者造成经济损失。

2. 担保人模式

这种信用模式是以网站或网站的经营企业为交易各方提供担保为特征。有些网站,例如,中国粮食贸易网就规定,任何会员均可以中国粮食贸易网上的交易合同向中国粮食贸易公司申请提供担保,试图通过这种担保来解决信用风险问题。这种将网站或网站的主办单位作为一个担保机构的信用模式,最大好处是使通过网络交易的双方降低了信用风险。但是要完成一个担保行为,要有一个核实谈判的过程,无形中增加了交易成本。因此,在实践中,这一信用模式一般只适用具有特定组织性的行业,而对那些交易主体具有开放特性的营销网站并不适用。

3. 网站经营模式

许多网站都是通过建立网上商店的方式进行交易活动。这些网站作为商品的经营机构,在取得商品的交易权后,让购买方先将购买商品的款项支付到网站指定的账户上,网站收到购物款后才给购买者发送货物。这种信用模式是单边的,是以网站的信誉为基础的,它需要交易的一方(购买者)绝对信任交易的另一方(网站)。而对于网站是否能按照承诺进行交易，则需要社会的其他机构(如消费者协会、工商行政管理部门)来进行事后监督。这种信用模式一般适用于从事零售业的营销网站。

4. 委托授权模式

这种信用模式是营销网站通过建立交易规则，要求参与交易的当事人按预设条件在协议银行建立交易公共账户，网络计算机按预设的程序对交易资金进行管理，以确保交易在安全的状况下进行。这种信用模式最可取的创新是营销网站并不直接进入交易的过程，交易双方的信用保证是以银行的公平监督为基础的。但要实现这种模式必须有银行的参与，而要建立全国性的银行委托机制则不是所有的企业都能够做到的。

(2) 技术风险控制

信息安全技术涉及网络营销的多个方面，如网络商品的真实可靠性、用户的隐私安全性、支付渠道的安全性以及整个网络系统运行的平稳性等。企业网络营销经理要对这些网络营销安全风险状况实时监控，对企业网站运行过程中的各种不安全因素进行监测和控制，加强防火墙、网络防毒、信息加密存储通信、身份认证、授权等技术应用以及基于数据挖掘的交易监控与分析方案等，及时排除由于不安全因素造成的企业网络营销经营风险损失。网络营销方式的多样化决定了信息安全技术与信息保障系统不是一成不变的，而应随着网络营销的发展而提升。

(3) 物流风险控制

企业可以构筑自身的物流系统，也可以选择物流服务商。构筑自身的物流系统要实行物流中心的集约化、分散化、个性化，通过数字化备货或计算机等现代技术实现进货、保管、在库管理、发货管理等物流活动的效率化、省力化和智能化，从而提高网络销售对市场的反应能力。企业在选择物流服务商时要尽量选择有实力、有规模的合作伙伴，与其利益共享、风险共担。还要与选定的物流服务商签订双赢的具体化的合同，建立良好的物流服务商管理和监督机制，与优秀的物流服务商保持长期稳定的合作伙伴关系。

(4) 法律风险控制

完善的法律法规可以对交易中的行为进行约束，它可以使网络营销制度标准化，需要完善与网络营销活动有关的法律法规，主要包括：电子合同的有效性、网络营销知识产权、网络营销签名的认证、隐私权、国际民事诉讼、网上营销监管规章制度等。国家金融监管部门应加强对网上电子交易的监管，确定电子货币发行单位、职权范围及职责，制定相应的制裁措施，建立打击网上犯罪的相关法律；制定相关的税收征管原则和管辖权公约；积极参与国际对话，提出有利于我国网络营销的政策法规。同时，为了实时有效地了解买卖双方交易过程中的信誉程度，国家相关部门及社会团体等应建立有效的信用评价体系，以促进买卖双方在交易过程中为了提高信誉度和良性循环经营而信守承诺，从而降低交易失败的风险。如淘宝网中，在交易顺利完成后买卖双方会有信用评价的过程，这可以使好的卖家积累较高的信用度，而在以后的交易中更容易获得客户的信任。

任务实施

请以小组为单位,将讨论内容填写在下表。

可能存在的风险	风险等级	风险可能造成的影响	风险防范点	风险处理方案

任务 7-3 农林产品网络营销效果综合评价体系

任务目标

能够基于生鲜产品特点,结合当前生鲜电商模式,分析生鲜产品网络营销效果评价时的重点指标,并能够构建生鲜产品网络营销评价体系。

工作任务

以小组为单位,为生鲜产品旗舰店构建网络营销效果评价体系。

知识准备

1. 农林产品网络营销效果评价概述

(1) 网络营销效果评价含义

网络营销作为新兴营销模式,可以实现很多线下营销无法达到的效果。但是,由于网络营销存在自身无法回避的缺点,为了保证实施的有效性,需要对其实际的营销效果进行评价。所谓网络营销效果评价,是指企业按照统一的评价方案,通过建立一套定量化和定性化的指标模型,并遵循特定的评价程序,对企业网络营销活动效果进行衡量的方法。网络营销效果评价除具备以往营销活动的固有特征外,还需具备互联网活动的特质。

网络营销效果的评价应是对网络营销各个方面的综合评价，也是各种效果的总和，如企业品牌的提升、客户关系、对销售的促进等各个方面，因此，需要用全面的观点来评价网络营销的效果。建立一套真正完善的网络营销效果评价体系是件非常困难的事情，即使在理论上可行，实际操作中也可能会变得非常复杂或者评价的成本过高，因此，在实际应用中，往往是对网络营销某个方面的效果进行初步的评估。

（2）网络营销效果评价作用

①通过对网络营销体系实施过程的评价，了解网络营销实施的效果，判断网络营销战略是否与公司目标战略相匹配，形成对系统各实施环节的监督检查，保障系统的正常和持续发展。

②通过对网络营销系统运行状况的评价，检查网络营销系统运行状况与标准之间的差异，以及网络营销的目标是否达到，并且及时修正，以确保网络营销系统的正常运转，保障网络营销计划中制定的营销目标的实现和网络营销企业的可持续发展。

③通过专门机构的评价，检查用于吸引访问者访问网站的各种推广技术的运用效果，收集、分析、发布和得到网络营销实施结果，检查网站的普及程度和网站满足顾客需求的能力。

（3）网络营销效果评价步骤

①确定企业网络营销的目标　确立企业网络营销目标有利于评价人员选择适合的评价指标，避免因指标选择过多而造成混乱，可以获得准确有效的评价结果。

②建立评价组织　可以依照所需人员的专业和特长来确定评价组织成员，例如，可聘请高等院校的专家、学者，企业的领导者，或是有专业特长的营销人员等。

③确定合适的评价标准　根据评价的要求和相关资料，评价组织成员最终确定各项评价指标，并收集、获取各指标的值。

④评价网络营销绩效　根据企业的实际情况选择合适的评价方法对企业的网络营销绩效进行评价。

⑤结果分析　评价组织成员通过对营销绩效与预期的标绩效的对比，分析企业开展网络营销后经营业绩的变化，判断网络营销方法使用是否得当，为制定新的网络营销策略措施提供支持。

2. 农林产品网络营销效果评价指标体系

（1）网络营销效果评价指标体系建立原则

网络营销效果评价指标体系是衡量网络营销综合成效的相关指标的集合。在构建网络营销效果评价指标体系时要把握以下原则：

①科学性原则　指标体系的构建要做到结构合理、层次分明、重点突出、符合实际。通过指标体系的核算和综合评价，能够客观、真实、准确反映企业网络营销的实际情况。

②系统性原则　所建立的评价指标体系应能够多角度、多层次并尽可能完整地反映企业网络营销的成效，既要有纵向比较的指标，也要有横向比较的指标。

③独立性原则　评价指标体系中各项指标应具有互斥性，相互不能代替，要从不同方面反映网络营销效果的特征。

④实用性原则 所设计的评价指标要具有实用性,指标的核算应以可获取的、真实统计的数据为基础。在评价指标体系设计中要突出重点,使评价指标体系在实际中易于操作,切实可行。

⑤定性与定量相结合原则 评价指标尽量采用定量指标,但并不否认定性指标的作用。定性分析是对研究对象进行"质"的方面的分析,对获得的各种材料进行思维加工;定量分析是对社会现象的数量特征、数量关系与数量变化的分析,其功能在于揭示和描述社会现象的相互作用和发展趋势。定量分析必须建立在定性分析的基础上,二者相辅相成,定性是定量的依据,定量是定性的具体化,二者结合起来灵活运用才能取得最佳效果。

(2)网络营销效果评价指标体系具体内容

网络营销效果评价指标体系包括网站效果、网络营销效益和网络营销效率3个一级指标、12个二级指标、46个三级指标(表7-1)。

表7-1 网络营销效果评价指标体系

一级指标	二级指标	三级指标
网站效果	设计效果	域名选择
		检索功能
		信息更新速度
		主页下载速度
	性能评估	功能全面性
		服务有效性
		网上交易安全性
		用户交互的便利度
	推广效果	链接有效性
		网站被主流搜索引擎收录和排名状况
		网站访问量
		注册用户数量
	运营效果	访问者增长率
		单个访问者的页面浏览数
		用户停留时间增长率
网络营销效益	财务绩效	销售增长率
		速动比率
		资产负债率
		存货周转率
		净资产收益率

(续)

一级指标	二级指标	三级指标
网络营销效益	客户关系效益	客户投诉率
		客户咨询与投诉答复率
		响应速度
		客户满意度
		客户保持率
	品牌效益	品牌知名度
		品牌价值变动率
	竞争效益	价格竞争力
		市场占有率
		客户选择性
	内部优化与创新效益	内部流程优化
		在线服务创新比率
		研发投入增长率
		网络平台功能优化程度
		员工建议采纳比率
网络营销效率	销售效率	市场扩大速度
		消费转化率
		客户开发平均成本
		获得市场份额的费效比
	配送效率	准时/安全送达率
		订单响应时间
		每单位销售额的运输费用
	广告效果	广告曝光率
		广告点击率
		网页阅读次数
		广告转化率

①网站效果

设计效果：对于网站优化设计合理性的评价有诸多方面，包括：网站设计是否符合用户阅读习惯、网站结构是否有利于搜索引擎抓取信息、首页是否有网站导航/网站帮助、网站是否有网站地图页面、网站页面链接是否有效、网页下载速度、每个网页是否有合适的标题、静态网页与动态网页的应用是否合理、网页设计标签中的关键词和网站描述是否合理等。

- 域名选择：域名与企业名称、商标及其主营业务的关联性越强，越简洁易记，域名选择就越成功。
- 检索功能：网站内容结构设计是否成功，表现在能否使浏览者准确快速找到需要的信息。
- 信息更新速度：网站内容和页面设计要不断更新，以提高网站提供的信息资源质量，同时提高网民对网站的信任度，最好注明最后一次更新的时间。该指标可以用单位时间内的更新次数表示。
- 主页下载速度：网站自动监测用户访问网站时的网络带宽，自动调整用户下载主页的内容，以提高下载速度。

性能评估：

- 功能全面性：网站基本信息完整，如公司介绍、联系方式、服务承诺等；网站信息是否及时、有效；网站产品信息是否详尽；网站查找产品信息是否方便；网站各项功能运行是否正常；用户注册/退出是否方便；网站是否体现出促销功能；网站是否具备各项网络营销功能；网站是否采用弹出广告等对用户造成骚扰。
- 服务有效性：网站是否有帮助系统、是否有详尽的常见问题解答、是否公布多渠道的顾客咨询方式、是否提供会员通信、是否建立会员社区等。
- 网上交易安全性：网站介绍是否明确说明企业的基本状况、网站是否展示各项必需的法律文件、网站信息是否及时有效、网站是否公布服务承诺、网站是否公布个人信息保护声明、网站不得携带病毒和有害程序、网站不得强制安装插件、网站运行安全可靠。
- 用户交互的便利度：微博、即时通信工具、论坛、留言板、邮件列表、博客以及常见问题解答等能够促进网站和用户交流。

推广效果：网站推广可分为4个阶段，即策划建设阶段、网站发布初期、网站增长期、网站稳定期。在网站推广运营的不同阶段有明显的阶段特征，相应地对每个阶段也有不同的评价内容，例如，网站建设完成后需要对网站专业性进行评价，而网站访问量进入快速增长期后则要对访问量增长率、各种推广手段的有效性等进行评价。从网站推广的总体结果来看，网站推广效果的评价指标主要包括链接有效性、网站被主流搜索引擎收录和排名状况、网站访问量、注册用户数量等。

- 链接有效性：链接有效性涵盖内容链接有效性和用户链接有效性。内容链接有效性是指错误的和无效的页面链接次数越少越好；用户链接有效性是指网站是否提供详尽的便于用户联系的链接方式，包括在主页和其他链接内容提供企业的地址、邮编、联系人姓名以及电子邮件、电话、在线即时通信工具等，方便用户随时建立联系。
- 网站被主流搜索引擎收录和排名状况：一是网站被各个主要搜索引擎收录的网页数量。网页被收录的数量越多，意味着被用户发现的机会越大——这也是搜索引擎目标层次原理中的第一个层次，即增加网站的搜索引擎可见度。对搜索引擎收录网页数量进行评价，实际上也反映了网站的内容策略是否得到有效实施，内容贫乏的网站自然不可能拥有大量高质量的网页。因此，对搜索引擎收录网页数量的比较，往往可以反映出不同竞争者网站之间网页推广资源的差异。

二是被搜索引擎收录的网页数量占全部网页数量的比例。理想的情况是网站所有的网页都被搜索引擎收录，但实际上一些网站因为在网站栏目结构、链接层次和网页地址等方面的问题造成大量网页无法被搜索引擎收录，这样，网站内部网页资源的价值就无法通过搜索引擎推广表现出来。网站被搜索引擎收录的网页比例越接近100%，说明网站基于搜索引擎自然检索推广的基础工作越扎实。

三是网站在搜索引擎检索结果中有较好的表现。在前两项评价的基础上，还有必要对网站在主流搜索引擎检索结果的表现进行评价，尤其是利用网站的核心关键词进行检索时，与竞争者相比，在这些关键词检索结果页面中的优势地位如何。因为搜索引擎推广在一定程度上可以理解为与竞争者为有限的搜索结果推广资源而竞争，只有优于竞争者才能获得用户的关注。

- 网站访问量：该指标直接反映了网站推广的直接效果，在一定程度上反映了网站获得顾客的潜在能力。网站访问量统计分析无论对于某项具体的网络营销活动还是总体效果都有参考价值，也是网络营销评价体系中最有说服力的量化指标。虽然获得用户访问并非网络营销的最终目标，但访问量直接关系到网络营销的最终效果，因此网站访问量指标可以看作是网络营销的中间效果体现。通过网站访问量统计，可以获得某些页面被访问和下载的具体信息，这一指标通常被用来评价短期推广活动的效果。例如，为了评价某个新产品的情况，在新发布的产品页面上，可以看到这个页面每天被浏览、显示的次数。如果提供了产品说明书下载或者在线优惠券下载，还可以从用户的下载次数来评价网络营销所产生的效果。

- 注册用户数量：用户数量是一个网站价值的重要体现，在一定程度上反映了网站的内容为用户提供的价值，而且用户也是潜在的客户。因此，注册用户数量直接反映了一个网站的潜在价值和通过网站推广获得的网络营销资源。

运营效果：

- 访问者增长率：独立访问者数量描述一个网站访问者的总体状况，是指在一定统计周期内网站访问者的数量。同一个访问者只代表一个唯一的用户，无论他访问这个网站多少次。通过计算访问者增长率来说明网站推广的成效。

- 单个访问者的页面浏览数：是指在一定时间内全部页面浏览数与所有访问者数相除的结果，即一个用户平均浏览的页面数量。这一指标表明了访问者对网站内容或者产品信息感兴趣的程度。如果大多数访问者的页面浏览数仅为一个网页，表明用户对网站没有多大兴趣，这样的访问者通常也不会成为有价值的用户。

- 用户停留时间增长率：用户访问网站平均停留时间即所有用户在网站的停留时间合计与所有访问者数量相除的结果。访问者停留时间长短反映了网站内容对访问者的满足程度。通过计算用户停留时间增长率来说明网站推广的成效。

②网络营销效益

财务绩效：网站的财务绩效反映了农林产品在流通、盈利、营运等方面的财务效果。财务绩效的评价指标主要包括以下几个：

- 销售增长率：该指标是评价企业成长状况和发展能力的重要指标。计算公式为：

$$销售增长率 = 本年销售增长额 \div 上年销售总额$$
$$= (本年销售额 - 上年销售额) \div 上年销售总额$$

- 速动比率：是指速动资产与流动负债的比率。这一指标是衡量企业流动资产中可以立即变现用于偿还流动负债的能力。速动资产包括货币资金、短期投资、应收票据、应收账款，可以在较短时间内变现。由于多数电商具有"轻资产"特征，因此可用速动比率评价电商的资产运营效果。
- 资产负债率：是指负债总额与资产总额的比率。这个指标表明企业进行网络营销时负债水平的情况，用来检查企业的财务状况是否稳定。
- 存货周转率：又称存货周转次数，是衡量和评价企业购入存货、投入生产、销售收回等各环节管理状况的综合性指标。计算公式为：

$$存货周转率=销货成本÷平均存货余额$$

- 净资产收益率：又称股东权益收益率，体现了投入企业的自有资本、风险投资等权益资本获取净收益的能力，突出反映了投资与报酬的关系，是评价企业经营效益的核心指标。该指标反映权益资本的收益水平，指标值越高，说明投资带来的收益越高。计算公式为：

$$净资产收益率=税后利润÷净资产×100\%$$

客户关系效益：选择的客户关系效益评价指标应以客户满意为核心。具体指标包括：

- 客户投诉率：客户对企业产品质量或服务不满意而提出的书面或口头的异议、抗议、索赔和要求解决问题等行为的比例。计算公式为：

$$客户投诉率=投诉客户数÷总客户数$$

- 客户咨询与投诉答复率：客服有效回复客户咨询（投诉）的人数比例。计算公式为：

$$客户咨询与投诉答复率=客服有效回复的客户总人数÷咨询（投诉）商家的客户总人数$$

- 响应速度：企业对客户投诉等要求做出反应的时间间隔。
- 客户满意度：客户对企业产品、服务、经营理念、企业形象等的满意程度。计算公式为：

$$客户满意度=满意的客户数÷调查客户总人数$$

- 客户保持率：企业通常以重复购买行为来评价客户保持率的高低，可以用客户购买超过两次的比例来统计。

品牌效益：对于企业来说，品牌是重要的营销工具，良好的品牌本身就是一种广告，能够增强消费者对企业的信任感。具体的指标包括：

- 品牌知名度：潜在购买者认识到或记起某一品牌是某类产品的能力。
- 品牌价值变动率：通过品牌价值评估量化具体品牌所具有的价值，揭示出各个品牌所处的市场地位及其变动。

竞争效益：主要包括价格竞争力、市场占有率，客户选择性3个评价指标。

- 价格竞争力：反映本企业产品价格对于竞争对手的同类产品或可替代产品价格的相对优势。计算公式为：

$$价格竞争力=同类产品平均价格÷竞争对手产品价格$$

- 市场占有率：又称市场份额，指某企业某一产品（或品类）的销售量（或销售额）在市场同类产品（或品类）中所占比重。该指标反映企业在市场上的地位，通常市场占有率越高，竞争力越强。市场占有率有3种基本测算方法：一是总体市场份额，指某企业销售量

(额)在整个行业中所占比重；二是目标市场份额，指某企业销售量(额)在其目标市场即其所服务的市场中所占比重；三是相对市场份额，指某企业销售量与市场上最大竞争者销售量之比，比值若高于1，表明其为这一市场的领导者。

- 客户选择性：反映企业网上客户的购买量相对于标杆企业网上客户的购买量百分比。

内部优化与创新效益：

- 内部流程优化：对现有工作流程的梳理、完善和改进，减少流程运作复杂、效率低下、顾客抱怨等问题。
- 在线服务创新比率。
- 研发投入增长率：研发经费投入与上一年增长的比率。
- 网络平台功能优化程度。
- 员工建议采纳比率。

③网络营销效率

销售效率：

- 市场扩大速度：指企业市场占有率增减幅度，反映企业市场行情变动情况。
- 消费转化率：指一定时间内，网络消费者的总数与网站的访问者总数之比，反映的是访问者中有成为消费者倾向的比例。
- 客户获取成本（CAC）：是获得单个客户的平均费用。该指标包括营销和销售费用，以及为了吸引访客并将其转化为客户而产生的管理费用。
- 获得市场份额的费效比：指争取到的市场份额所带来的营业收入与市场开发成本之比，反映企业网络市场开拓的实际效果。

配送效率：

- 准时/安全送达率：指准时/安全送达次数与发货总次数之比。
- 订单响应时间：指从仓库接收订单到商品出库的时间。
- 每单位销售额的运输费用：指销售额与运输费用之比。

广告效果：依据网络访客在浏览网络广告时互动程度的高低和认知心理的变化，将访客行为分为以下4个层次：一是浏览，即看到该广告但没有点击；二是点击，即看到该广告并点击；三是交互，即点击该广告并与广告主进行信息交流；四是行动，即在线购买。

- 广告曝光率：指网络广告所在的网页被访问的次数与网站所有页面被访问的次数之比。
- 广告点击率（CTR）：广告点击次数除以广告曝光次数就可得到广告点击率。广告点击率是网络广告最基本的评价指标，也是反映网络广告效果最直接、最有说服力的量化指标，因为一旦浏览者点击了某个网络广告，说明其已经对广告中的产品产生了兴趣。
- 网页阅读次数：浏览者在对广告中的产品产生一定的兴趣之后进入广告主的网站，在了解产品的详细信息后，可能就产生了购买的欲望。当浏览者点击网络广告进入介绍产品信息的主页或者广告主的网站，浏览者对该页面的一次浏览阅读称为一次网页阅读，而所有浏览者对这一页面的总的阅读次数就称为网页阅读次数。这个指标从侧面反映了网络广告的吸引力。

- 广告转化率：网络广告的最终目的是促进产品的销售，广告转化次数就是由于受网络广告影响所产生的购买、注册或者信息需求行为的次数，而广告转化次数除以广告曝光次数即得到广告转化率。

网络营销效果指标体系不仅全方面地评价客户和企业在各个方面的不同需求，还凭借网络手段促进了现代企业的营销手段向多元化发展。因此，要更加具体客观地评价如今的网络营销手段的不足之处，还要积极对一级、二级、三级评价指标进行改进和更迭，保证每个网络平台的具体标准都符合企业和客户的需求。

3. 农林产品网络营销效果评价方法与途径

（1）主要评价方法

目前，国际上有关网络营销效果评价的理论和方法多种多样，我国网络营销效果评价所采用的具体指标以及分析方法也不尽相同。

①直接观察法　通过网上收集的数据，企业可以直接观察客户使用的网络营销系统前后的变化。这种方法最简单直观，但无法将网络营销系统对客户的影响与其他因素的影响分离开。直接观察属于网站日常管理工作的内容之一。

②纵横对比法　通过对本企业、本部门或同行业使用网络营销系统前后的情况做出纵向和横向的比较，并由此初步估算出网络营销的作用大小与范围。该方法比较简洁，但数据比较粗略，适用于网络营销的规划和运行阶段。

③模拟测算法　该方法首先利用系统动力学、系统仿真学和计算经济学等学科的理论构筑各种模型，然后利用这些模型进行各种分析计算，以计算结果为评价依据，最终测算出网络营销系统运行后可能获得的收益和支出。建立正确的模型是该方法的关键，只要模型正确，就可得出精确的定量测算结果，但这种方法相对比较复杂。比较有代表性的方法有指数法、基于平衡计分卡的关键绩效指标分析法、数据包络分析法、模糊评价法、层次分析法、多级模糊综合评判法以及上述方法的综合运用。

知识链接

层次分析法（analytic hierarchy process，AHP），是美国著名数学家萨蒂在20世纪70年代提出的一种新的定性分析与定量分析相结合的系统分析方法。它将人的主观判断用数量形式表达，从而便于在数学上进行处理和分析。层次分析法把复杂问题分解成各个组成因素，又将这些组成因素按支配关系分组成递阶层次结构，通过两两比较的方式确定各个因素的相对重要性，然后综合决策者的判断，确定决策方案相对重要性的总排序。

1. 建立指标层次结构图

根据指标体系构建的原则，设计较完整的网络营销效果评价指标层次结构图，选取影响网络营销效果的主要指标，以保证最终评价结果的客观准确性。

2. 指标值的确定和规范化

为了保证指标值的准确性和可靠性，应由专门机构负责收集整理资料，对相关的各项指标值进行汇总。对于定量指标，可参照企业财务报表、企业管理部门和销售部门的统计资料并结合网络调查等方法获得；对于定性指标，可以通过用户反馈、采访、经验推断来获得，如客户满意度可通过网上调查获得，网站知名度可通过咨询相关权威专家获得。

由于各项指标的含义、测量量纲以及取值优劣标准不尽相同，为了能够对评价对象进行多指标的综合评价，要将各指标值转化成相对统一的尺度。又由于各个指标的量纲不同，功能也不尽相同，需要进行无量纲化处理得到无量纲的指标值，处理方法包括阈值法、标准化法、比重法等。

3. 建立成对比较判断矩阵

在建立的评价体系基础上，对同一层次中的所有元素关于上一层次中某个准则的重要性进行两两比较，通过求解判断矩阵特征向量的办法，并让专家进行打分，求得各层级指标的重要程度总排序的结果。

4. 层次单排序以确定各层指标的权重

求出上述判断矩阵的特征向量即得到了各指标在各自层次上的权重。

5. 一致性检验

定理：n 阶互反矩阵 A 的最大特征根 $\lambda \geq n$，当且仅当 $\lambda = n$ 时，A 为一致矩阵。

④专家评分法　很多网络营销的指标是难以量化的，如客户的满意度、商品查找是否方便、送货是否及时等，这就造成数据搜集和处理的困难。通过专家评分法可以将定性评价定量化。该方法适用于网络营销系统发展的各个阶段的评价，评价结果一般比较客观、全面、严格。专家评价法的评分处理方法有很多种，可以根据数据的特点选择不同的评分方法，常见的评分方法是加权平均法。

(2) 评价途径

在具体实施网络营销效果评价时，可根据企业网站的规模、实力以及评价的内容和目标，选择不同的途径进行评价。

①自我评价　在企业网站中设置用于网络营销效果评价的工具或内容，例如，设置计数器；设计客户信息数据的获取和保存、客户信息的反馈等栏目；在网站服务器上安装专业的测评软件，对网站的运营和网络营销的数据进行连续测试。自我评价可以实现对网络营销持续地监测和评价。

②客户评价　主要是通过在网上或线下发布各种调查表或召开客户座谈的形式获得客户有关某类问题的直接信息。这种方法在做某项测评时可以使用，同时还可以达到促销的目的。

③第三方公司评价　委托网上专业评价公司完成对企业网站的评价是目前比较流行的做法。这些专业评价公司技术先进、经验丰富，而且评价的结果更具有权威性。现在，国内外有一些公司提供对商业网站的排名、评价等服务，例如，中国互联网络信息中心曾经每隔一年对国内的网站进行一次排名，北京零点有数数据科技股份有限公司则为企业网站提供专业的咨询和评价服务。

任务实施

生鲜产品网络营销效果评价

小林所在的企业开设了某生鲜产品旗舰店。该旗舰店集合了超市、餐厅、菜市场的功能，同步线上销售平台与线下实体店的商品与服务，实现 3 公里免费配送，为消费者提供更多样的购物方式。这种新业态吸收了传统生鲜零售的渠道优势、体验式餐饮的销售优势、菜市场的价格优势和生鲜物流配送的服务优势。同时，弱化了其在成本、品控、消费体验和消费黏性方面的不足，打破了传统零售的门店服务限制，以更加开放和更加智慧的经营方式，建立了生鲜高品质、低损耗的"消费场景"，重构了消费的方式，强调了"新鲜到家""及时尝鲜"和"性价比"的生鲜消费观。经过一年的运营，取得了较好的销售效果。

根据所学，请帮助小林分析：

1. 在进行生鲜产品网络营销效果评价时应该更加关注哪些方面的指标？
2. 请以小组为单位，构建生鲜产品网络营销评价体系。

参考文献

高军，王睿，2007. 试论企业网络营销风险管理体系的建立[J]. 现代管理科学(4)：97-98.

郭承龙，2016. 农林产品网络营销[M]. 南京：东南大学出版社.

廖吉林，高丽，2021. 基于 AHP-FCE 模型的林产品供应链绩效评价研究[J]. 物流工程与管理(9)：133-137.

刘文图，庄宇铮，许冰冰，等，2020. "互联网+"背景下林产品供应链模式优化研究[J]. 物流工程与管理(2)：85-87.

王柯媛，贝淑华，2021. 我国林产品供应链数字化发展研究[J]. 物流工程与管理，7(43)：53-55.

王群，2013. 浅析网络营销中的风险管理[J]. 中国市场(1)：12-14.

杨丽萍，2012. 网络营销基础与实践[M]. 北京：教育科学出版社.